Histoire des sciences

科學簡史

ANOUSHEH KARVAR　　著

馮恭己　譯

三民書局

Crédits photographiques

Couverture : p. 1 au premier plan, un circuit intégré, © BULL ; à l'arrière-plan, deux scientifiques du XVIIIᵉ siècle, extrait d'une planche de l'*Encyclopédie*, de Diderot et D'Alembert ; p. 4 : structure d'une cellule, © VEM.

Ouvertures de parties et folios : pp. 4-5 une collision électron-positron produit une gerbe de particules, © P. Vauthey/Sygma ; pp. 22-23 naissance d'une étoile, © AAO/D. Malin/Ciel & Espace ; pp. 40-41 un arc-en-ciel après l'orage, © Jeff Divine/Pix ; pp. 54-55 la « machine à différences » de Charles Babbage (détail du mécanisme), © The Science Museum/Science & Society Picture Library ; pp. 70-71 virus responsable de la diarrhée chez l'enfant, © C.R. Madeley/SPI/Cosmos.

Pages intérieures : p. 6 bibliothèque Mazarine, Paris, © Jean-Loup Charmet ; p. 7 photothèque Hachette, © Bulloz ; p. 9 Museum and Art Gallery, Derby, © Giraudon ; p. 10 © The Science Museum/Science & Society Picture Library ; p. 11 © musée des Arts et Métiers, Paris ; p.12 © AKG Photo, Paris ; p. 14 The Metropolitan Museum of Art, New York, © Hubert Josse ; p. 15 © photothèque Hachette ; p. 16 Bureau soviétique d'information, © photothèque Hachette ; p. 18 musée Curie, Paris, © photothèque Hachette ; p. 21 Institut Curie, © H. Raguet-Phanie ; pp. 24-25 © AKG Photo, Paris ; p. 26 © BNF, Paris ; p. 28 bibliothèque de l'Université, Istanbul, © G. Dagli Orti ; p. 30h Museo della Scienza, Florence, © Scala ; p. 30b © photothèque Hachette ; p. 31h Royal Society, Londres, © The Bridgeman Art Library ; p. 31b © Hubert Josse ; p. 33 photothèque Hachette, © BN, Paris ; p. 35 © Dite/NASA ; p. 36 © ESO/Ciel & Espace ; pp. 38-39 © ESO/Ciel & Espace ; p. 42 *La Vie du rail*, © Pix ; p. 43 bibliothèque des Arts décoratifs, Paris, © photothèque Hachette ; p. 44 collection particulière, © Jean-Loup Charmet ; p. 45 © Steve Bloom/Pix ; p. 47 © palais de la Découverte, Paris ; p. 48 © Nimatallah/Artephot ; p. 49 © palais de la Découverte, Paris ; p. 51 © photothèque Hachette ; p. 53 © Pix/Bavaria-Bildagentur ; p. 59 © AKG Photo, Paris ; p. 60 musée des Arts et Métiers, Paris, © Erich Lessing ; p. 61 musée de Versailles, © Hubert Josse ; p. 62 © Studio X, Limours ; p. 63 musée des Arts et métiers, Paris, © photothèque Hachette ; p. 64 © The Science Museum/Science & Society Picture Library ; p. 67 © Dite/USIS ; p. 68h © France Telecom ; p. 68b © Sipa-Press ; p. 69 © L. Lefkowitz/Pix ; p. 72 Robert Harding Picture Library ; p. 73 © photothèque Hachette ; p. 74h © Jean-Loup Charmet ; p. 74b © photothèque Hachette ; p. 75h bibliothèque des Arts décoratifs, Paris, © Jean-Loup Charmet ; p. 75b © photothèque Hachette ; p. 77 © Jean-Loup Charmet ; p. 78 © Jean-Loup Charmet ; pp. 80-81 © L. Psihoyos/Matrix/Cosmos ; p. 82 © The Science Museum/Science & Society Picture Library ; p. 83h © photothèque Hachette ; p. 83b © VEM ; p. 85 © photothèque Hachette ; p. 90h © D. Parker/SPL/Cosmos ; p. 90b © P. Henzel/Cosmos ; p. 91g © S. Stammers/SPL/Cosmos ; p. 91d © Fascia/Pix.

Couverture (conception-réalisation) : Jérôme Faucheux.
Intérieur (conception-maquette) : Marie-Christine Carini.
Réalisation PAO et photogravure : FNG.
Suivi éditorial : Évelyne Papin.
Cartographie : Hachette Éducation.
Dessins et schémas PAO : Calliope i.é.

©Hachette Livre, 1996.
43 quai de Grenelle
75905 Paris Cedex15

目

次

不可窮盡的微觀世界

元素與原子
_____

物質不會消失，
也不會增加
_____

從單質到原子
_____
無窮盡的微觀
世界
_____

古希臘時代的元素

長久以來，人們一直試圖明瞭人類生活的世界究竟是怎樣構成的。公元前幾世紀，古希臘的「物理學家們」想找出世界是如何從混沌走向有序的答案，因此，他們假設所有的物質有可能出自一個相同的元素或本源，也有可能是由四個不同元素相互組合而成的。米利得派的泰勒斯認為水是萬物的本源；阿那克西米尼則認為氣形成萬物；赫拉克利特稱火是基本元素；而恩培多克勒斯首先把想法推進，他認為萬物是由火、土、氣和水四個元素形成的。

　　繼恩培多克勒斯後半個世紀，希臘傑出的哲學家亞里斯多德用物質來定義事物。熱、冷、乾、濕組成第一級物質，這四個物質與火、土、氣、水四個元素分別對應，四個元素不同比例的組合產生了所有的物質。

四元素說

生於公元前四世紀的亞里斯多德是這樣定義每一個元素的：火是乾且熱的；氣是濕且熱的；土是乾且冷的；水是濕且冷的。在西方國家裏，亞里斯多德關於自然的觀點在約 200 年的時間裏一直居於領導地位。

6

不可窮盡的微觀世界

煉金術史

自公元前三世紀以來，埃及的亞歷山卓港成為一個文化中心，希臘的科學、埃及的文明以及地中海的其他文明在此匯聚。中世紀期間稱為「煉金術士」的學者們在極其保密的

條件下，在實驗室裏進行長期耐心仔細的實驗，為物質的變形及「蛻變」而努力地工作。他們在精神與物質兩方面進行實驗，試圖發現把普通的金屬（鉛或銀）「蛻變」成貴金屬──純金的秘密。「煉金術士」的實驗室非常像鐵匠的打鐵鋪：爐子四周堆放著盆、大口杯、鐵鉗、榔頭、鐵鑽，爐子裏熔煉著金屬，然而迷信與巫術也夾雜在這種科學實驗室中。

煉金術士的工場

這裏展示了煉金術士的實驗室，在圖中我們可以看到他們所使用的技術與物品。我們在圖中觀察到很多用於冶煉及提煉金屬的工具，還有蒸餾時所必須的器具。

7

不可窮盡的微觀世界

中世紀的煉金術士們尋找「點金石」——一種能使金屬變成純金的奇妙物質。德國漢堡的海明·布朗蒂在長期研究的過程中，從蒸餾的人尿中，得到了殘渣物。把它扔在水中時，它雖不燃燒，但仍然發亮。他從殘渣物中進一步分離了元素磷。此名來自希臘文 "phôsphoros"，原意為「發光體」。

在東亞，中國的煉丹術士們致力於尋找靈丹妙藥——一種能醫治一切毛病，使人起死回生的萬靈藥。這個夢雖然始終沒有實現，但他們的努力不僅使技術與工具獲得改善，這些技術與工具在日後的醫學及藥學方面也有很多用途。

在阿拉伯國家，中世紀的阿拉伯煉金術士們撰寫了一些關於材料方面的論著，他們詳述了這方面的實驗方法。10世紀的伊朗醫生、煉金術師拉齊在一部書名為《秘中之秘》的著作中，論述了實驗的操作方法，他成功地從酒中蒸餾出酒精，由此而得的酒精在醫藥學上有很多的應用。

12世紀，用來蒸餾酒精的儀器在阿拉伯文中寫成 "al-anbiq"，拉丁文是 "ambix"，寫成法文為 "alambic"。蒸餾儀器設備的不斷改善是亞歷山卓、阿拉伯以及歐洲的煉金術士們共同努力的結果。其實，中世紀的西方學者在應用希臘、中國以及阿拉伯煉金技術的同時，也不斷地開發出有關的物質。

物質是由微粒——原子形成的嗎？

從公元前七世紀到公元前五世紀，希臘的哲學家德謨克利特、流基伯、伊比鳩魯認為宇宙是由不可再分割的微粒——原子——聚集而成（此觀點曾被亞里斯多德嚴厲地批評過）。希臘文中，原子的意義是「不可分的」，

不可窮盡的微觀世界

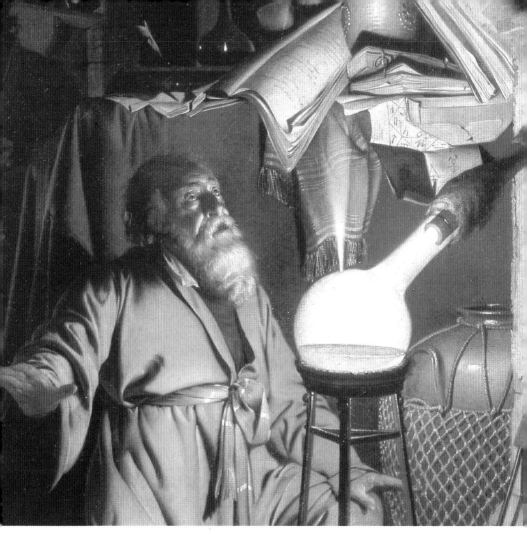

儘管各原子的構成性質相同，但原子由於它們的形態及運動的多變性，因此能產生各種各樣存在的物質。

　　在17世紀，當人們試圖用物質以及它的運動來解釋整個世界時，原子理論重新受到青睞。法國的伽桑狄和笛卡兒，英國的牛頓和波以耳都在自問：物質是由微粒形成的嗎？

磷的發現

製造磷的方法很快傳遍整個歐洲，人們開始研究磷的醫學與化學性質。

不可窮盡的微觀
世界

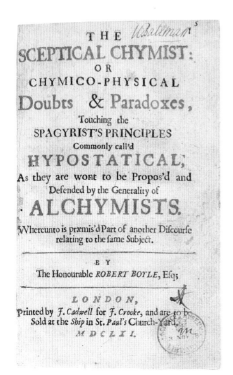

THE
SCEPTICAL CHYMIST:
OR
CHYMICO-PHYSICAL
Doubts & Paradoxes,
Touching the
SPAGYRIST'S PRINCIPLES
Commonly call'd
HYPOSTATICAL,
As they are wont to be Propos'd and
Defended by the Generality of
ALCHYMISTS.

Whereunto is præmis'd Part of another Discourse
relating to the same Subject.

BY
The Honourable ROBERT BOYLE, Esq;

LONDON,
Printed by J. Cadwell for J. Crooke, and are to be
Sold at the Ship in St. Paul's Church-Yard.
MDCLXI.

**波以耳批判
亞里斯多德**

17世紀愛爾蘭學者波以耳批判亞里斯多德的「四元素學說」。他分析了物質燃燒時物質分解的結果，發現遠遠超過四個元素。在一本名為《懷疑派化學家》的書中，他表達了自己的疑問。

10

不可窮盡的微觀
世界

在有關微粒的本質上，他們的見解有分歧。一些人認為物質是由各種不同類型的原子互相組合而成的，就好像字母表中的字母組成詞彙一樣；而另一些人以為原子如同一堵墻的磚，彼此之間是極其相似的。根據大部分原子學者的觀點，這些微粒是不斷地運動著的。

物質中的火

化學家們為了解釋物質加工時的變形現象，他們比較傾向於亞里斯多德的學說。18世紀，一些著名的化學家，如德國的施塔爾、法國的盧勒，引述了火與土的原理，他們是這樣解釋燃燒 * 現象的：當人們燃燒木材或煤時，固植於物質中的火逸出。同樣，如果人們焙燒*一種金屬或者讓其在空氣中生鏽，那麼就是人們自其中釋放了火，這個物質成份中的元素「火」稱為燃素。

然而，這樣的疑問還存在：我們既然以為物質中的「火」釋放時丟失了燃素，那麼為什麼燃燒的物體或者焙燒的金屬卻變得更重了？施塔爾的理論解釋不了觀察到的現象，以致無法使所有科學家信服。

註：帶星號*的字可在書後的「小小詞庫」中找到。

化學革命

一位18世紀的法國學者拉瓦錫試圖回答這個問題。為此目的，他進行了大量的實驗，終於成功地發現了氧氣——燃燒*的要素。

　　1772年，拉瓦錫讓磷焙燒*。他成功地量度出磷在燃燒過程中所用的空氣量，這個量等於他在實驗結束時所收集到的物質的增

拉瓦錫的煤氣表*

拉瓦錫憑藉複雜又昂貴的儀器工具，成功地進行他的化學實驗。他的私人財產使他有能力向製造商們購買或訂做這些設備。這個與天平相連的煤氣表是一個很準確的測量工具。

11

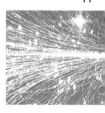

不可窮盡的微觀
世界

有關呼吸的實驗

當拉瓦錫做實驗時，他的四周總是圍著他的助手和同事。他的妻子非常認真地記錄著他實驗過程中的條件以及實驗的結果，她甚至還繪製實驗工具與儀器。在這裏，他們顯示了氧氣在呼吸時生死攸關的作用。

12

不可窮盡的微觀世界

重，從而他得出結論：氣固著在磷中，且增加磷的重量。漸漸地，他導出關於燃燒*的另一種解釋，他認為燃燒是被燃物體與空氣中氧氣的一種結合。拉瓦錫的發現是建立在他的英國同行卡文狄西、布萊克、卜利士力的工作基礎上的，他們闡明在燃燒或者金屬腐蝕*之後，存在著大量的多種氣體。

隨後，拉瓦錫證明了含在空氣中的「氧」元素也是呼吸的源和形成酸的原因。在另一次著名的實驗中，他成功地把水分解成氫和氧兩個元素，然後又把他們合成為水。

如果說氣、水、火、土能再分解成其他的元素，那麼我們還應堅持它們是所有事物的本源嗎？在亞里斯多德之後的兩千年，人們終於看到了四元素論的結束。

拉瓦錫用他的分析與測量儀器持續不懈地繼續研究物質、分離物質。他導出了元素的新定義：元素並不是每一自然物的成份，而是一個再也不能被分解的物體。拉瓦錫滿懷信心地捍衛著他所創建的理論，這些理論是他在科學家們及公眾面前經過無數次實驗而得到的。

拉瓦錫並不是一個化學變化的被動觀察者，他的這些發現是建立在他所進行的精密測量以及他在筆記本上認真且仔細記錄的基礎上。在實驗過程中，拉瓦錫頻繁地使用天平，以此來秤出參與化學反應的一切物質和化學反應所生成的一切物質。為了證明金屬增加的重量等於空氣減少的重量，他事實上已應用了物質不滅定律：物質不會消失，也不會增加。

拉瓦錫在進行化學研究的時候正值法國大革命時期，因為他是大農場主且為國家收稅，所以他被指控為舊制度服務，在革命法庭上被判處死刑。

1756年，蘇格蘭化學家布萊克發現了碳的二氧化物，他稱為「固定氣體」。十年之後，卡文狄西發現了「易燃氣體」，稱之為氫。英國化學家卜利士力發現了碳的一氧化物、硫磺的二氧化物以及很多其它氣體，如氮。1774年，他得到了一種新的氣體，該氣體有助於呼吸和燃燒，這就是氧。氧的特性後來由拉瓦錫所論述。

13

不可窮盡的微觀
世界

拉瓦錫和他的妻子

拉瓦錫夫人在他丈夫的
科學生涯中擔任很重要
的角色。在實驗室裏，
她協助丈夫工作；在家
裏，她還組織會議，法
國及外國的學者在會議
期間交流他們的觀點。

不可窮盡的微觀
世界

一種新的語言

為了彼此之間能夠溝通，也為了讓其他人能
夠瞭解，化學家們需要一種共同的語言，這
就是拉瓦錫和另外三位化學家德莫沃、貝托
萊、富克的功績。在採納接受這種語言的同
時，那時的化學家們表示同意接受拉瓦錫提
出的新元素理論。

新的詞彙表給每一物質取了唯一的名
字，這名字能反映出該物質是由什麼東西合
成的，對一些簡單的物體，名字反映了最具
特點的性質。從此以後大家同意用「氧」命
名生命必須的氣（它生成酸），稱「易燃氣」
為「氫」（它生成水）。這個專業詞彙*一直
使用到現代。

1808年，一位英國的科學家道耳吞把原子間作用生成化學組合的假設往前推進。每一個元素或簡單物體是由一種原子組成，同一元素的原子，其形狀、質量和各種性質都是相同的，不同元素的原子在形狀、質量及各種性質上各不相同，每一種原子以其原子質量為其基本特徵。然而物質的原子結構理論並非一位科學家的貢獻，而是眾多科學家貢獻的結晶。理論的形成，常常是一些科學家提出假設，另一些科學家進行評論、批判，最後達成共識。從1808年至1860年，經過五十多年的努力，動員了整個歐洲的化學家，最後確立了原子結構理論。其中有英國化學家道耳吞，瑞典化學家貝里斯，法國化學家給呂薩克，義大利化學家亞佛加厥和凱尼萊羅，和一位在西班牙工作的法國化學家瓊斯富·普魯斯特。

在德國卡爾斯羅的國際學術會議期間，化學家們聚集在一起交流探討他們的觀點，達成了關於原子與分子的定義。此定義被出生在亞爾薩斯的法國學者維爾茨重新記述到他的化學詞典中：分子是簡單的或複合的物質的最小部分，它可以獨立地存在且還具有這個物質的性質；分子可由更小的簡單元素組成，這些只能彼此聯繫共同構成分子的元素稱為「原子」。這些定義直到19世紀才被所有科學家接受，並且一直沿用至今。

水分子

在書名為《奇妙的分子》的著作中，薩拉姆是這樣描寫水分子的：「它像一個桃子（氧原子），人們在其上掛了兩個杏子（氫原子）。」

15

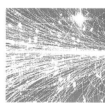

不可窮盡的微觀世界

德·門得列夫
(1834–1907)

在進行化學研究的同時，門得列夫對祖國工農業的現代化有十分濃厚的興趣。他是俄國沙皇的科學顧問。他也支持他的學生們在制度改革方面提出的要求。

16

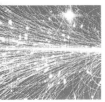

不可窮盡的微觀世界

鈉、鉀、鋇、鎂、鍶都是由英國化學家戴維發現的。他獲取這些原子的方法與用在伏打電池中的方法是一樣的。這種用電流分解化學物質的方法稱為「電解」。

多虧義大利物理學家伏打在 1800 年製造出第一枚電池，化學家才能成功地分解了人們以為不可分割的物質。通過電流，我們不僅能夠分解複合材料的分子，還能獲得新的元素以及我們還不認識的單質，如鈉和鉀。過去煉金術士們只知道在自然界中有十種元素，到了19世紀，47種新元素已被識別出來。

1869年，俄國化學家門得列夫把70種元素分類安排在一張表上，到如今此表仍然享有盛名。在這張表中，所有元素根據它們原子重量的遞增次序排列，於是人們發覺它們的化學與物理性質存在著明顯的週期性變化，如同鋼琴上遵循八度規律的琴鍵。門得列夫首先根據它們的重量（或者說，原子的質量）把元素排在橫格子內，然後把具有類似化學性質的元素排在同一行上。

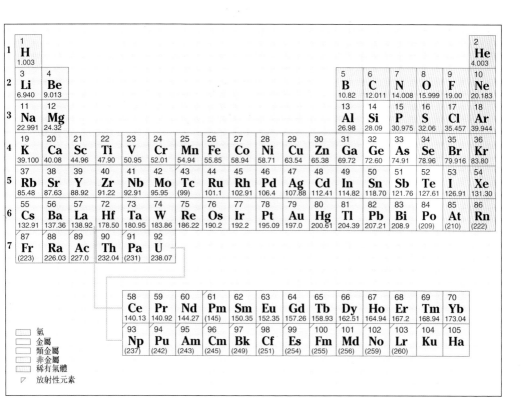

氫
金屬
類金屬
非金屬
稀有氣體
▽ 放射性元素

在這張表中，門得列夫不僅突出了元素化學性質的週期規律性，而且還成功地預言一些元素的存在，果真後來發現了這些元素。如他曾預言有一個格子裏是元素鎵，1875年這個元素被發現了，而且鎵所呈現出的化學性質正如門得列夫預先所描述的那樣。在19世紀末才發現的一些稀有氣體以及惰性氣體則加在原表單獨的一行中。

元素週期表

如今，我們已知道在自然狀態下有九十幾種元素，在實驗室中我們還能製造出約15種元素。元素的數量不斷在增加，此外一些新的材料及合成材料如塑料、尼龍、晴綸、聚脂已經製成。

17

不可窮盡的微觀世界

放射性

直到19世紀末，科學家仍與古希臘原子學家一樣贊同原子是不可分的這一觀點，而放射性的發現使我們能在物質分解方面更進一步。

在法國，居里夫婦繼貝克勒之後研究像鈾這樣的重原子放射出來的射線，這些放射

瑪麗·居里——
居里夫人

她於1867年出生在波蘭的華沙，在24歲那年離開波蘭到法國繼續她的學業。1906年，她成為巴黎大學的第一位女教授。在1903年及1911年，她分別獲得諾貝爾物理獎及化學獎。她是第一位獲得此項殊榮的女性。

不可窮盡的微觀世界

線有奇妙的性質：放射線在照相底片上留下痕跡且使圍繞它們的空氣帶電。他們由此得出如下結論：這涉及到鈾元素的獨特性，他們稱此現象為「放射性」。居里夫婦接著又發現了兩種能發射射線的元素，他們稱此為釙和鐳。

在加拿大，一位紐西蘭的科學家歐內斯特和英國的同事索迪一起解釋了這個非常奇怪的現象。他們認為放射並不像居里夫婦所說的那樣是一個元素的性質，而是一個元素的不穩定原子在變成另一個元素時產生了放射，人們稱之為「蛻變」。在人們發現原子不是永恒的同時，他們還發現原子是由更小的微粒組成：它們是一些稱為「電子」的負電粒和稱為「核」的正電粒。

1935年，人們授予弗里德里克和他的妻子伊雷娜（皮埃爾和瑪麗‧居里的女兒）諾貝爾化學獎，以表彰他們發現人造放射性。在弗里德里克的主持下，法國於1948年製造出第一個原子能電池。弗里德里克被選為世界和平委員會主席，他還為禁止原子武器而起草了《斯德哥爾摩宣言》。

原子模型

為了探索一個原子的內部，化學家和物理學家一樣繼續進行他們的實驗，但是他們不採用直接觀察，而是使用模型來顯示原子並進一步研究原子的性質。

在1911年所進行的實驗中，拉塞福強調了原子核的中心地位。他提出一個模型，根據此模型，原子有一個帶正電荷的堅實的核，而負電子圍繞核的周圍。

19

不可窮盡的微觀世界

在拉塞福模型的基礎上，尼爾斯提出的模型是這樣的：一個帶正電荷的核，以及圍繞著核而在相繼的軌道上運轉著的電子。現在我們知道圍繞著核運轉的電子軌跡是十分複雜的，軌跡無時無處不存在。

一個原子的主要質量是集中在它的核上，在核與電子之間沒有任何東西。

物理學家們已經成功地把一個原子的核分解成更基本的微粒，稱之為「中子」和「質子」。電子有一個負電荷，質子有一個正電荷，而中子如同它的名稱一樣是中性的。在一個原子中因為質子數等於電子數，所以原子是電中性的。

波耳模型和現代的模型

碳的原子有六個電子。根據波耳模型，前兩個電子位於第一條軌道上，另外四個電子處在第二條軌道上。現在我們知道六個電子沿著複雜的軌道圍繞著原子核運轉。

20

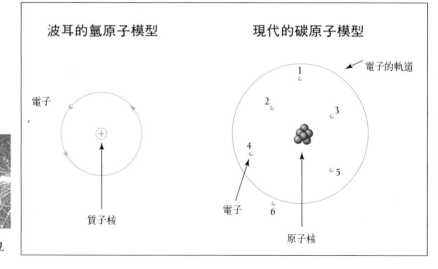

波耳的氫原子模型　　　現代的碳原子模型

電子的軌道

電子

質子核

電子

原子核

不可窮盡的微觀世界

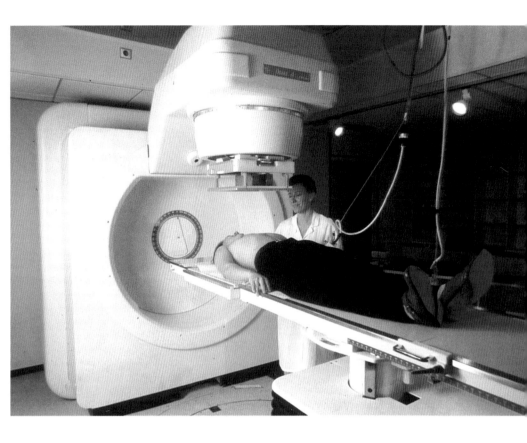

原子核蘊含著巨大能量，如果發生核裂變，就會放出大量的光、熱以及危險的射線。正確利用原子核，就能使原子能為人類服務，例如在一個原子反應器中，原子能將水變成蒸汽，蒸汽能開動渦輪機及發電機。但如果用同樣的原子能生產原子武器，就會導致毀滅性的結局。

放射療法

原子能發電廠利用原子人為裂變產生的能量發電，同樣，多虧天然的與人工的放射性，我們能夠成功地治療某些癌症，這是放射療法。

不可窮盡的微觀
世界

無限的宏觀世界

古代人的宇宙

在美索不達米亞發現的，一塊約公元前1800年的巴比倫書板上描繪出一個嵌入了八個天空的宇宙。巴比倫人如同美索不達米亞平原的其他古代人、埃及人和中國人一樣研究著天空中太陽、月亮以及星星的運動，好給他們的生活與農作物種植提供參考的依據。他們也相信占星術，相信天體對人的命運的影響。他們知道描繪週期現象，還試圖從觀察星球現象中預言未來。

托勒密的宇宙

公元140年出版的天文學巨著《大綜合論》（用希臘文寫成）中，希臘天文學家托勒密闡述了古代天文學基本原理。在之後的1400年中，人們一直應用著。

24

無限的宏觀世界

希臘的地球中心說

希臘人能用肉眼辨認七顆星星：太陽、月亮以及另外五顆遊移的星體或行星：水星、金星、火星、木星和土星；他們還意識到宇宙是一個六千顆星球或固定天體的王國。宇宙的運轉表示法能在亞里斯多德論著中找到根據，它建立在三個原理上：第一，地球中心說*，地球居宇宙中心的地位，宇宙圍繞地球運轉。第二，把宇宙分成兩區：月下*和天*上，月下世界位於月亮之下，這是重體的天然地，也是人們出生與死亡的地方，這也是事物毀滅的地區；天上世界只包含一些輕體，

哥白尼的宇宙

波蘭牧師尼古拉·哥白尼在他的著作《天體運動論》中否定了地球是宇宙中心的地位，該著作於1543年，他逝世之前才出版。

25

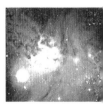

無限的宏觀世界

渾天儀

古代阿拉伯人的天文觀察儀是十分原始的：有靜態標度盤、三角測量儀、渾天儀或星盤*（右圖）。直到布拉·第谷(1546-1601)時代，天文觀察儀才有明顯的改善，17世紀末18世紀初製造的這架渾天儀是根據托勒密系統設計的。

無限的宏觀世界

這是一個美好的地區並且與太陽永存。最後，第三個原理是關於運動的原理，月下世界的重體沿著直線運動，而天上世界的輕體卻在

均勻的運動中描繪出一些完美的圓周。

　　然而亞里斯多德的原理並不能說明天體運動中的一些不規則性，也不能解釋從地球上看去這些天體光亮的變化。公元二世紀，亞歷山卓城的一位希臘天文學家托勒密提出一個幾何模型，該模型能描述以及預見天體的運動。為了解釋這些不規則的現象，他引入了一個複雜系統，在這個系統中，摻雜著眾多的圓周運動，地球雖然仍然在宇宙的中心軸上，但相對於中心位置，它是移動了。托勒密把觀察星球所得到的數值數據都記在該模型上，該模型顯現了天體的景象，提供了一幅更為「現代化」的宇宙景觀。

阿拉伯天文學

從9世紀至15世紀，敘利亞、伊朗、猶太及西班牙的天文學家在阿拉伯帝國有過偉大的活動。當時的阿拉伯帝國非常遼闊，從古波斯到西班牙。天文學家們改進完善了儀器工具，把希臘文著作譯成阿拉伯文，並在大馬士革、巴格達、邁拉格（伊朗東北部）和斯麥喀特（俄國）建造天文臺。

　　借助保存於圖表*中的一些觀察資料，他們改進了托勒密系統。在13世紀，伊朗數學家、天文學家阿爾圖斯對托勒密的行星系統明確地提出根據充分的批評，且指出了該系統的缺陷。

邁拉格天文臺是伊朗、阿拉伯和中國天文學家們聚會的地方。它的圖書館有四十萬多冊圖書以及眾多的儀器工具。保存至今的一些圖表*顯示了天文學家們在邁拉格12年的觀察結果。

27

無限的宏觀世界

28

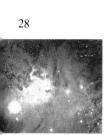

無限的宏觀世界

星盤*的實踐

在這個回教世界的天文臺裏，從十世紀開始，天文學家們使用著各種各樣的測量工具，其中最著名的是星盤。星盤在五世紀由古阿拉伯人製作並改進完善，它能夠計算出天體相對於地平線的高度。

哥白尼的革命

尼古拉·哥白尼是一位牧師，也是16世紀的波蘭天文學家，曾在義大利留學。他對托勒密的系統提出疑問，他提出了宇宙的一個最簡單的表示法，認為宇宙是一個協調一致的建築物，組成一同心球體。他是這樣描繪的：第一層也是最高處是固定的星球，是靜止且封閉的。在第一層行星之後是土星，土星花30年完成它的公轉 *；然後是木星，它的公轉需12年；隨後是火星，它需2年；在這個系列中的第四個位置由公轉時間為1年的天體 * 所占，地球與月球一起包含其中。第五層是金星，它的公轉需要9個月。最後，第六層的地方被水星所占，它用80天時間完成公轉，而所有星球的中心是太陽……

　　哥白尼還肯定，地球繞太陽轉，一年轉一次；地球還繞它的軸自轉，從西到東，這樣就有白天和夜晚。

　　把地球看作與宇宙中其他行星一樣，那麼地球就再也沒有亞里斯多德賦予的優越地位了。緊接著，他廢棄了天上世界與月下世界的差異。如果地球不是宇宙中心，那麼人也非宇宙中心，於是人就再也不是由宇宙圍繞著的優越觀察者了。

儘管哥白尼對宇宙觀點作了革命，但是他仍然忠於圓周運動的古老原理，所以他為了解釋天體運動所提出的模型比托勒密模型還要複雜。很長時間裏，哥白尼的著作沒有被教會所查禁，這是因為負責該著作的編輯在著作中加了一個前言，稱哥白尼提出的天體模型好像是一個宇宙的數學模型，不是真正的宇宙天體模型。

29

無限的宏觀世界

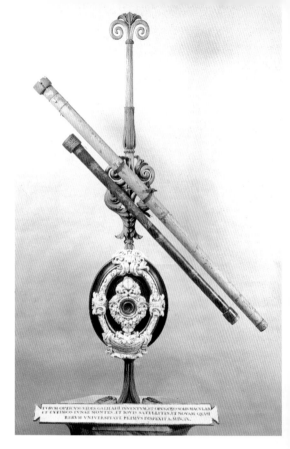

伽利略望遠鏡

伽利略從荷蘭人的一個
模型出發，作了改進，
製造出他的天文望遠
鏡。他運用這個新的工
具拓展了宇宙的邊界。

觀察星球

1610年，伽利略用他的
天文望遠鏡觀察到四顆
麥迪斯星。他以麥迪斯
命名這些星，是為了紀
念麥迪斯家族，因為在
他研究的過程中，麥迪
斯家族一直鼓勵著他。
他進一步發現了木星的
衛星。在這幅木刻圖上，
他正向威尼斯城的議員
們指出這些衛星。

牛頓的望遠鏡

為了集中光線和收集光線，牛頓利用反射鏡製造出世界上第一架望遠鏡。牛頓並因此進入了皇家學會。（皇家學會於1660年創立，它是英國科學界享有盛名的科學機構。）牛頓同樣受到了那個時代荷蘭及法國天文學家的稱讚。

牛頓

從來沒有一位科學家在他生前享有像牛頓這樣的盛名。牛頓是一位了不起的人物，他幾乎在所有的知識領域裏都有貢獻：如行星運動、光的屬性、煉金術、神學。

無限的宏觀世界

在16與17世紀期間，學者們對教會的依賴越來越少。他們在經費上得到有權勢的王子們的支持，王子們鼓勵學者們的工作，並成為他們的保護者。他們從亞里斯多德的宇宙是固定的觀點與看法中解脫出來。

哥白尼逝世之後，他被教會扼殺的理論有了繼承人。在德國、義大利和英國，克卜勒、伽利略和牛頓追隨著他的思想，並且尋求哥白尼模型所提出問題的答案。克卜勒一方面使用哥本哈根附近的烏爾伯格天文臺完善的儀器設備，另一方面運用丹麥天文學家布拉·第谷在此天文臺裏經過20年仔細周密研究的結果，終於完成了哥白尼體系，把行星的圓周軌道改變為行星的橢圓軌道，而太陽是位於橢圓的其中一個焦點上。

伽利略支持太陽中心說

哥白尼的太陽居宇宙中心地位以及地球自轉的思想並沒有很快傳播開來，因為在他的著作中，他所表達的觀點很難理解。借助天文望遠鏡，伽利略非常仔細地觀察天空，發現了有利於太陽中心說*的真實證據。

首先他發現木星伴有衛星，地球既非是宇宙中心也非唯一伴有衛星（月亮）的行星。他觀察到月亮表面有山脈和山谷、太陽中有時隱時現的黑子，天上世界並非像亞里斯多德所稱的完美和永恒。

然而，如果地球自轉，為什麼人們在地球上沒有感覺到它的運動？科學家們自然要問這個問題。伽利略證明了地球的旋轉絲毫不會改變其表面任何物體的運動。從炮筒裏向地球自轉方向，即向西發射炮彈並不會比

無限的宏觀世界

33

一個印刷工場

在16與17世紀期間，由
於印刷技術的進步，大
量手稿得以出版，再加
上學者們頻繁交換信
件，因此新的學說越來
越廣泛地傳播開來。

無限的宏觀世界

根據傳說，一個蘋果從花園的一棵蘋果樹上落下來，從而激起了牛頓關於萬有引力定律的靈感！科學的發現是偶然的結果還是幾代科學家們探討與思索的結果？兩個世紀以後，愛因斯坦的「相對論」將牛頓的萬有引力定律加以延伸，他解釋重力就像是物體周圍空間的變形或彎曲。

向東發射炮彈射得遠。同樣，一條在大海中航行的船，假設船的速度不變，那麼從桅杆高處落下的一個石子始終落在甲板的同一點上。

因為伽利略在著作中明確地闡述了有詩聖經的太陽中心說＊，所以激怒了羅馬教會，教會命令他公開否認地球繞太陽轉動的理論，並且要他永遠不再寫關於這類題材的書籍。1632年伽利略被教會傳訊，並判終生監禁。然而這並不是哥白尼體系的結束，因為伽利略已經培養出大批學生，其中包括教會中的學者，他們把伽利略的觀點、思想廣泛宣傳，並傳播到整個歐洲。伽利略本人也仍然繼續工作及寫作。

從此，實驗與觀察成了科學研究的重要過程。

伽利略觀察描述地球上物體的運動和天空中星球的運動，但他並沒有說明普遍的規律。萬有引力＊定律的公式是英國科學家牛頓發現的。

任何物體都有一個引力作用在其它物體上。地球的引力把我們吸引到地球中心，我們也有一個相反的力作用到地球上，不過相當的弱。太陽為太陽系中質量最大的物體，太陽的引力使地球和其他行星維持在它們的軌道上，同樣道理，地球的引力使月球在它的軌道上運動。

34

無限的宏觀世界

成千上萬的星系

在計算星球和月球運動的基礎上，天文學能用來測量時間與經度*。為此目的，在英國的格林威治，如同在巴黎一樣，建立了天文臺；一些倍率越來越大的望遠鏡也製作出來了。人們不斷地把已知的宇宙邊界往外推，太陽系中第七顆行星——天王星，於1781年被英國天文學家威廉・亨茨所發現；第八顆行星——海王星，於1846年被法國天文學家于爾班・拉斐葉所發現。

一架巨型望遠鏡
把帕拉瑪峰天文臺（美國）的這架望遠鏡與照片中底部的兩個人作比較，這架被哈伯使用過的巨型望遠鏡就顯得更為壯觀。

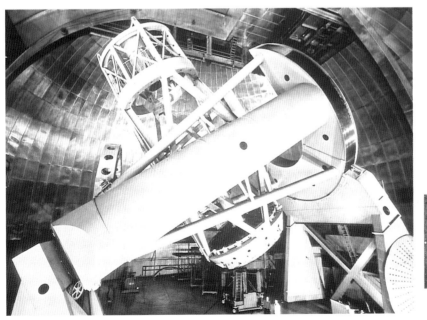

35

無限的宏觀世界

無限的宏觀世界

　　人們還發現星球是「銀河*」這個更大家庭中的一部份，太陽以及太陽系中的行星屬於銀河系。

　　使用巨型望遠鏡，美國人哈伯在20年代指出：螺旋形狀的氣雲與塵雲是毗鄰的銀河。在分析銀河發出的光後，他推測這些銀河相互間離得很遠。建立在觀測以及距離與速度

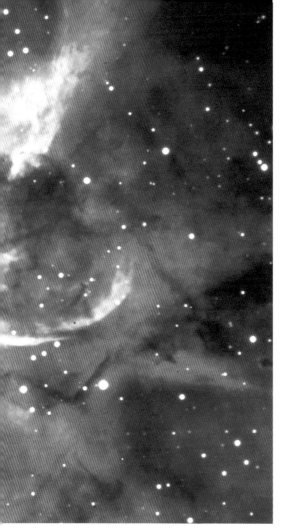

星球的誕生與死亡

與亞里斯多德的觀點相反，宇宙每天有幾十億顆星星誕生與死亡。當一氣雲在空間中收縮時，它的質量、溫度與壓力會增加。在溫度非常高的條件下，氫的核融合，產生氦*及大量的光，一顆星就誕生了。

測量的基礎上，他提出了宇宙是無限擴張的假設。

　　到我們這個時代，由於有了像人造衛星*和宇宙探測器*這樣新的觀察工具，我們在地球上能接收到宇宙探測器和人造衛星轉發來的宇宙壯觀圖像，天文學家們依此就能開發太空。在幾個世紀以前，我們的祖先曾認為

無限的宏觀世界

超新星

當星球中心原子核的融合停止時,這個星球就死亡了,它爆炸成「超新星」,且以高速放射出物質並放出大量的光。

自己位於宇宙中心,如今,我們知道在銀河系中存在著類似太陽的其他星球;而銀河,它自己也不過是幾百萬個銀河系中的一個。我們還知道太陽是一顆極普通的星球,中等大小,40億年前開始發光,在今後的50億年左右內,它也將繼續發光。

宇宙起源的大爆炸學說

宇宙輻射在到達地球之前已經跑了很長的距離,它含有極其珍貴的關於宇宙起源的信息,因為宇宙輻射已經發射了幾十億年。在50年代,比利時的喬治斯·勒梅特爾和俄國的亞歷克斯·弗蘭德蒙兩位科學家提出了關於50

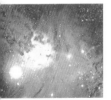

無限的宏觀世界

億年之前宇宙突發事件的觀點。根據這個觀
點，在這短暫的突發時刻，宇宙迅速膨脹，
然後宇宙協調一致地擴張，也就是說，物體
均勻一致地分布在整個空間。這個奇異的事
件因此被比作一次大爆炸，爆炸之後產生了
宇宙。然而被一些天文學家們稱為「宇宙起
源大爆炸(Big-bang)」的學說並不嚴謹，由於
溫度與能量是無限的，那麼當「宇宙大爆炸」
產生的時候，我們就很難明白這是一次爆炸
還是另外一種現象。

一顆星球爆炸

在此照片上，箭頭所指
的是在大「麥哲倫星雲」
中，1987年A星爆炸形
成的超新星。

39

無限的宏觀世界

熱與光
_____

電與磁
_____

物質與射線
_____

熱與光

從火石到「火機」

火，光與熱的源泉，對我們人類來說始終是一個有魅力的東西。最初，人們想必是到那些被雷擊而起火的樹林及灌木叢中去尋找火，並且希望能保留它。後來人們學會了生火的方法，那就是摩擦木材或者用火石去敲擊硬東西使得小火花迸發。接著人類制服了火並且利用它為人類服務：取暖、發光及燒煮食物。

更久之後，人們把水與火結合在一起製造出功率很強的機器，機器把人類從繁重的勞動中解脫出來。事實上，「火機」或蒸汽機就是由水和火的結合所產生的。首先火把水

蒸汽機

第一列蒸汽火車於1813年由蘇格蘭人史蒂芬生發明，接著法國人馬克‧斯昆使其完善。

42

自然的力量

變成蒸汽，當蒸汽在密封裏冷卻成水時，水所占的體積當然是很小的，於是在真空效應下產生降壓，這樣就使負荷物移動。此力作用到機械上，由此就產生動力機。1712年，英國人托馬斯·紐克曼發明了蒸汽機，在18世紀中期，蒸汽機很快地傳遍北歐與西歐。其他一些英國工程師像約翰·斯密頓和詹姆斯·瓦特在原來的模型基礎上加以改進，使其完善，把水蒸汽直接噴入到氣缸中而在氣缸外使其冷凝，這個發明大大地提高了機器的效率。

很快，先在英國，然後在其他國家，蒸汽機代替了礦場中馬的工作，因為蒸汽機不僅提高了生產力，也降低了成本，勞動生產

一家紡織廠

隨著工場作坊的引進機器，工作再也不是一個體力問題，紡織廠頻繁地雇傭婦女、兒童。可是勞動條件仍然十分艱苦，因為需要長時間勞動。

43

自然的力量

**一位偉大的物理學家
賽迪・卡諾**

在他的名為《關於火車
頭功率的思考》的著作
中，賽迪・卡諾闡明了
物理原理。用這個原理
來解釋熱力機的功能及
效率，物理學的一個分
支便產生了：熱力學。

44

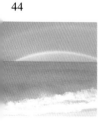

自然的力量

率就大大地提高了。由於火車頭的威力，使
得已經機械化了的礦場及製造廠生產出更多
的生活資源，從而對西歐國家的經濟發展助
益良多。車廂在蒸汽火車頭的牽引下沿著軌
道運送貨物，從而也促進了商業的發展。

光與熱

在17世紀，牛頓用玻璃稜鏡分解了自然光。
他證明了光可分解成連續的色帶，稱之為「光
譜」。牛頓是在密閉的地方進行這個實驗的，
該實驗再現了自然界中每次暴風雨後出現的
彩虹現象，太陽光穿過水珠，如同穿過稜鏡
一樣，水珠分解了太陽光。牛頓還做了另一
種形式的實驗，他把紅、橙、黃、綠、藍、
青、紫七種不同的顏色匯集在一起，以與原
先相反的方向送到稜鏡上，結果重現了白光。
　　在牛頓時代，關於光的屬性以及光譜的
定義，科學家們的觀點有很大的分歧。有一
些人認為光由粒子組成（微粒說），另一些則
認為光涉及到波系（波動論）。很奇怪，這兩
個理論——微粒說*與波動論*——都同樣精
確地解釋了光的三個屬性：光是直線傳播的、
光的鏡面反射以及光的波動性。

18世紀的兩位科學家,英國的托馬斯‧楊格和法國的奧克斯汀‧夫瑞奈強調了光的波動性質。他們解釋說,每一種顏色對應於長度不同的一個波,但是在被大家接受之前,他們的理論遭到了很多人的反對。在20世紀,愛因斯坦證明了光的波動性及微粒性的兩種屬性。

光的稜鏡作用

稜鏡把白色的光分解成七種不同顏色的光譜。不可見的紅外線與紫外線處在光譜兩端,紫外線能曬黑皮膚,紅外線能帶來熱量。

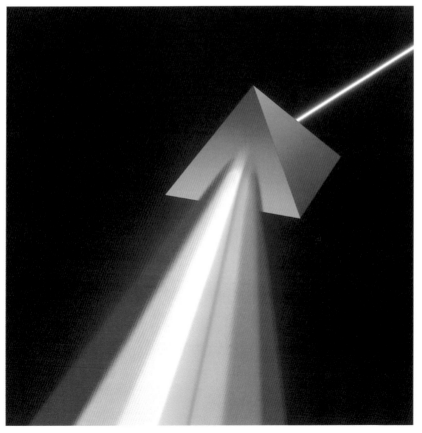

自然的力量

電與磁

楊格的實驗

這種裝置能再現楊格所做的實驗。在一張紙上鑽兩個小孔（S_1與S_2），讓一束窄的藍光通過這張紙，我們得到了一個有黑帶條紋的圓圈。這個實驗的動機是為了解釋光是一種波，楊格就這樣證明了光的波動屬性。

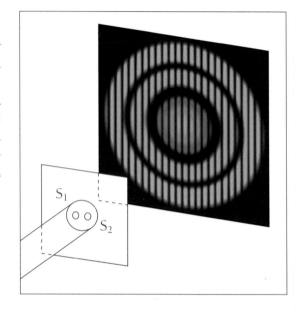

在發現電及天然磁的性質與規律之前，人們已認識且能利用電及天然磁的效用。如人們利用磁鐵礦的一塊磁鐵作成磁棒及指南針；並觀察到如果用羊毛皮摩擦玻璃棒，則會產生靜電。

19世紀所進行的實驗使電與磁的關係越來越靠近。丹麥學者漢斯‧厄司特發覺電流使羅盤的針偏離；法國科學家安培則指出兩條通電流的導線如同一些磁針一樣，能夠互相吸引或者相互排斥。同樣，當電流通過線圈時，線圈便具有磁石一樣的性質。

自然的力量

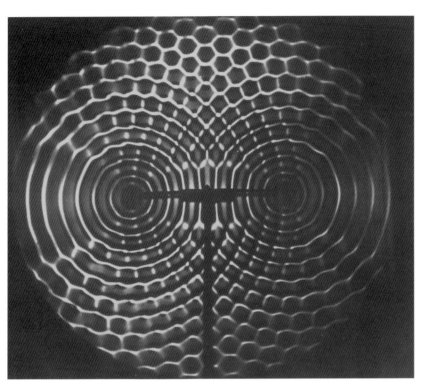

在這些現象之間究竟有著怎樣的聯繫呢？這就是19世紀後半葉物理學家們所關心的問題。

電與磁的最終統一

1831年，英國科學家法拉第與美國科學家亨利同時各自獨立地證明了電磁感應原理：穿過閉合迴路所圍面積的磁通量發生變化時，迴路中就會產生感應電流。實驗證明：在一個導線線圈中插入一個永久磁鐵*，然後抽出

光是一種波

在托馬斯・楊格的一次非常著名的實驗中，楊格讓兩束光通過兩個小孔射到屏幕上，由此而得的明、暗交叉區域是由於兩束光波的互相干擾產生的。

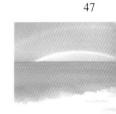

自然的力量

磁鐵,那麼在導線中就產生了電流。同樣地,如果在一個磁鐵所產生的磁場*中移動銅線,那麼電就在銅線上流動。

在實驗中,應用電磁感應原理,用發電機*或者直流發電機,我們能將運動的機械能(如自行車輪子的轉動)轉變成電能。首批電氣火車於1870年出現,1880年在美國就有電可供照明。

電與磁,它們是怎樣傳播的?

由於英國科學家馬克士威和德國科學家赫茲的貢獻,電與磁傳播的神秘被揭開了。他們首先用數學方式,然後用實驗室中的實驗證明:電磁場以波的形式傳播,其速度為光速。應用馬克士威的理論,赫茲於1888年發現了無線電波。

電磁感應*的發現使得遠距離通訊成為可能。用電報機,我們能把電脈衝從一個地方傳送到另一個地方。以開放電路對應於一點(·),閉合電路對應於一劃(–),美國人摩斯創造出第一部點、劃碼版本(A=·–;B=–···;等)。

有了電話機,講話聲中那些複雜的音便能轉換成一些電信訊號,且沿著電話線傳播;

法拉第(1791–1867)
為英國化學家與物理學家,從1815年到他逝世為止,他一直在倫敦皇家研究院工作。第一臺電動馬達、變壓器以及發電機都應歸功於他。

自然的力量

到達接線方時，相反的機電裝置再把這些信號重新轉變成聲音。電話、電報網路在一些國家縱橫交錯，甚至穿越海洋，然而電話、電報能如此運轉靠的是成本極高的長距離電纜。19世紀末，德國、俄國及法國、義大利的科學家和工程師赫茲、波波夫、布蘭利和馬可尼都為電磁波的產生和電磁波的傳送而努力，終於，再也不需要電線了，無線電萬歲！我們進入了「無線通訊」時代。從此，圖像與聲音透過波的運載以光的速度周遊世界。為了能接收波，我們需要安裝天線以及接收器；電話接收器重新把電信訊號變成聲音，電視接收器重新把電信訊號變成圖像。

唯一且相同的理論

馬克士威不止一次地把光、電與磁三種自然現象匯集成同一個理論。他計算電磁波的傳播速度，最終推導出其速度為光速大小。由此他推出：光想必也是一種電磁波。繼馬克士威之後赫茲特別強調光、熱以及電磁波的共同性質，他證明了一個寬波譜的存在：光的可見譜、紫外線與紅外線的不可見譜以及無線電波。X射線是另一種形式的電磁波，

馬克士威
(1831-1879)

馬克士威對電場與磁場之間互相作用的關係提出了電磁波方程式，大膽假設電磁波的存在，（這在那個時代有過激烈的爭論)他的繼承人，被稱為「馬克士威派」，則是其後的物理學家。

49

自然的力量

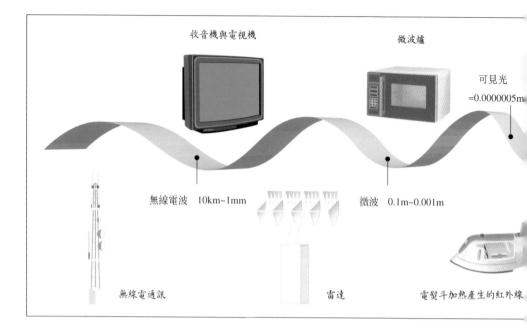

收音機與電視機

微波爐

可見光
≈0.0000005m

無線電波　10km~1mm

無線電通訊

微波　0.1m~0.001m

雷達

電熨斗加熱產生的紅外線

電磁波

依據它們的能量與性質，不同的電磁波有不同的波長：可見波或光的平均波長為0.0000005m；微波的波長從0.1~0.001m，它能快速搖動食品中的水分子，從而加熱食品；無線電與電視機使用的波長為1mm~100km。

在赫茲之後不久，另一位德國物理學家侖琴發現了X射線。

愛迪生，這位天才的發明家、企業家拓展了電的利用範圍。在他的實驗室和位於曼羅公園的製造工廠裏（位於美國紐約與費城之間），愛迪生解決了製造電燈的關鍵問題。1882年，他在紐約華爾街區裏第一次安裝了配電系統。愛迪生還對美國人貝爾發明的電話作了許多改進。

本世紀初物理學家們聚在一起開會，他們決定要統一電磁的測量單位：他們以19世紀著名的科學家來命名這些測量單位，以「安

自然的力量

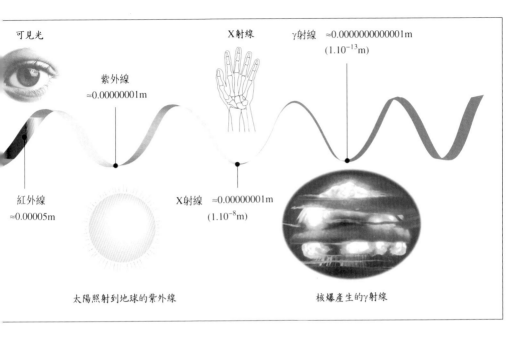

可見光

X射線

γ射線　≈0.0000000000001m
(1.10⁻¹³m)

紫外線
≈0.00000001m

紅外線
≈0.00005m

X射線　≈0.00000001m
(1.10⁻⁸m)

太陽照射到地球的紫外線

核爆產生的γ射線

培」測量電的強度,「伏特」測量電壓,「法拉」
為電容,「赫茲」為波的頻率……等等。

「喂! 您好!」

繼電報之後, 電話為現
代通訊打開了另一扇大
門。1876年, 貝爾利用
聲音轉換成電流的原理
發明了電話。在自動化
之前, 電話是透過接線
生傳送的, 接線生把一
個插頭插入電話線中,
電流就通了, 聲音也傳
過去了。

51

自然的力量

根據馬克士威的理論，電磁波在一個看不見的連續物質中漸進地傳播，這個物質充滿空間，即「以太*」。此物質對於波的傳播是必不可少的，然而當物理學家們談起該物質的成份與屬性時，總感到困惑。

本世紀初，一位年輕的德國物理學家愛因斯坦對馬克士威的工作感到興趣，然而作為波的支撐物質的以太理論並不能使他滿意，因此他提出了一個革命性的假設，即光和其它形式的電磁波有時表現出波的性質，有時表現出的是微粒性質，這兩個性質互相補充。當兩個波之間有干涉時，如同楊格的實驗那樣，波現象是能觀察到的。微粒現象在實驗室中也能觀察到，它是以稱作「光子」的能量微粒形式出現的。根據愛因斯坦的理論，以太*成為多餘之物，電與磁的微粒運動都能在真空中進行。

此外，根據著名的公式$E=M \cdot C^2$，物質與能量可以互相轉換。在這個公式中，E 代表能量；M為質量；C為光速，它是一常數，約等於300000公里／秒。當一個物體發出射線時，雖然它所減少的質量很小，但它是以光速運動，所以能夠產生十分巨大的能量。

52

自然的力量

原子核爆蕈狀雲

在原子反應中，微量的物質（鈾）能轉換成巨大的能量。根據著名公式 $E = M \cdot C^2$，愛因斯坦把鈾看成一個驚人的能源，然而他也意識到其危險性。對人類來說，原子能也有潛在的危險。作為銷毀武器的支持者，他於1939年寫信給美國總統羅斯福，警告他，無論在美國或德國，製造原子彈總是危險的。然而美國還是執行了「曼哈頓計劃」（二次大戰中美國原子彈研究計劃），140000多人為了製造原子武器而工作著。幾年之後，兩顆原子彈在日本爆炸，長崎與廣島近200000人遇難死亡。

53

自然的力量

計算與記數

數字與數

早期的人們運用數字來計算他們的財產、牲畜、所貯藏的食品以及部落的人員。之後，每個文明、每個地域發明了各自獨特的記帳方式和記錄數字的獨特符號。因為人們通常用十個手指頭來計算，所以「以十為基」的數字記法（10進制計數法）比其它計數法更為人們所接受。

　　古埃及人用七個象形文字代表七個不同的數：1，10，100，1000，10000，100000和1000000。古羅馬及古希臘人則使用字母表中的一些字母表示數。現代墨西哥輝煌文明的締造者馬雅人用數字再結合三個記號（·）（–）和（　）來表示數。在所有文明中，一個數由橫排著的記號加、減而成，今天仍然如此。人們能夠使用七個數字的羅馬記數法（I為1；V為5；X為10；L為50；C為100；D為500；M為1000）；根據數字在數中所處的位置作減法與加法，位在最大數字右邊的數字應該加上去，位在最大數字左邊的數字應該減掉（從而1996就寫成MCMXCVI）。當然這樣太複雜了，為了更快的計算，有必要簡化這種記法。

56

計算與程序

為了計算及記帳，人們使用小石子。小石子在拉丁文中是Calculus，Calculus即是法文計算"Calcul"這個詞的來源。在計算桌或者在「算盤」上，人們把小石子放在刻上線的槽子裏，有時也用玉米種子或豆子替代小石子。在中世紀的歐洲，小石子被金、銀、銅等籌碼所替代。把這些籌碼放在計算桌上，商人們以此來計算現金。

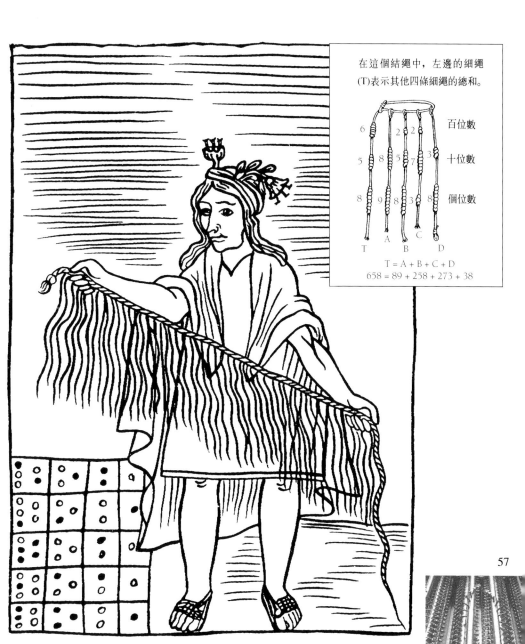

在這個結繩中，左邊的細繩
(T)表示其他四條細繩的總和。

		百位數
6	2 2	
5 8 5 7	3	十位數
8 9 8 3 8		個位數

T   A   B   C   D

T = A + B + C + D
658 = 89 + 258 + 273 + 38

印加人的結繩

在被征服之前，印加人
是占據秘魯的土著。西

班牙人借助結繩以10進
制進行計數，他們在小

繩上打結，並將小繩子
用一根粗繩串起來。

計算與程序

阿拉伯人在中世紀使用的印度記數法	١	٣	٣	४	❺	ໂ	ໂ	ໆ	໑	໐
近東的阿拉伯記數法（古代）	١	٢	٣	٤	٥	٦	٧	٨	٩	٠
近東的阿拉伯記數法（現代）	١	٢	٣	٤ / ٥	٥	٦	٧	٨	٩	٠
西班牙和馬格里布的阿拉伯記數法（古代）	1	2	3	8	4	6	7	8	9	0
西班牙和馬格里布的阿拉伯記數法（現代）	1	2	3	4	5	6	7	8	9	0
歐洲記數法（古代）	1	2	3	8	4	6	7	8	9	0
歐洲記數法（現代）	1	2	3	4	5	6	7	8	9	0

來源：G. Ifrah, *Les chiffres ou l'histoire d'une grande invention*, Robert Laffont, 1985.

印度—阿拉伯數字的演變

儘管幾十世紀以來，數字有眾多的變形，然而人們所採用的阿拉伯數字就其本質而言始終是相同的：以十為基數；九個數字加上一個零；數字的列記法。

最簡便的記數法在印度產生並在回教世界傳開，中世紀時傳到了歐洲。在這個記數法中，根據數字在數中所占據的位置，數字取不同的值；從右至左，數字的位置意味著個位數、十位數、百位數、千位數等。最巧妙的想法是數字零的使用，零表示在一個數中這一位置沒有數字占據。以10為基的位置記數系統到現在全世界仍在使用著，從最簡單的到最複雜的數字計算都是這樣算的。當然數字的寫法在漫長的時間中，在不同的地域也會有一些改進，數字的歷史多多少少也是一部「通用」史。

古代計算方式

為了記一些數，人們用十個指頭來計算。人們還使用小石子或者在木頭上開槽，在沙盤

計算與程序

上劃出條痕分別表示個位數、十位數、百位數……移動石子的位置，人們就可以作加法和減法。一些安裝在直杆子上的小石子是算盤的起源，至今在中國和日本仍然使用著算盤。

在歐洲，17世紀期間，商人們用籌碼進行計算，他們把籌碼放在刻有一些平行線的桌子上。然而一些學者們更喜用羽毛筆進行他們的運算，然後把結果保存在稱為一覽表的大本子上。在所有運算中，最基本的算術運算需要花去人們很多的精神及時間，即使如此，仍然常常計算錯誤。

中國和日本的算盤
中國商人以及日本學生用算盤進行四則運算。

計算與程序

機械計算機

帕斯卡

帕斯卡計算機

目前世界上有九架帕斯卡計算機。其中四架在法國巴黎國家技術博物館；兩架在法國克萊蒙費朗；一架在德國；另一架由IBM公司收藏；最後一架被一位私人收藏家收藏。

1642年，法國的哲學家、學者帕斯卡發明了第一架計算機。他的父親負責為國王徵收上諾曼地的稅收，因此必須進行長時間且有時會令人厭倦的計算。年輕的帕斯卡，當時只有20歲，決心要幫助他父親。

利用機械製造的技術，特別是鐘錶製造技術，他設計了一架由齒輪組成的計算機，

60

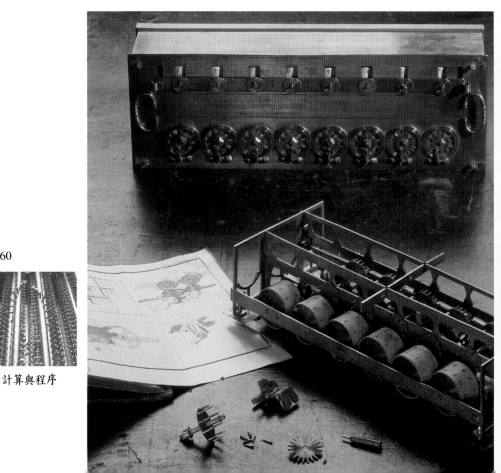

計算與程序

每一個齒輪對應於個位數的一位。隨後他考慮了更為複雜的系統，該系統能使齒輪從一位轉到另一位，即能做加法與減法。

在發明這種機器的同時，帕斯卡還證明：一種機械物體的某些簡單操作能模仿人的思維，用現代語言來說，稱之為人類推理的「模擬」。在帕斯卡的時代，這還僅止於一種初期的發明，並不能為民眾所使用。製作計算機的時間及成本也很高；此外，計算機還不能直接進行乘法與除法運算，而這些運算對學者們來說是不可缺少的。

沿著帕斯卡開創的道路，17世紀德國的一位哲學家與學者萊布尼茨想盡方法設計一架計算機以使人們擺脫繁重的運算。1694年，他發明了這架計算機，計算機由齒輪裝配而成，齒輪裝在走輪架上，搖手柄帶動走輪架。當然萊布尼茨的計算機比帕斯卡的好多了，因為他的計算機還能夠做乘法與除法，但是它的結果並不十分可靠。

帕斯卡(1623–1662)
著名的哲學家帕斯卡在數學與物理方面有不朽的成就。

電子計算機之父

隨著19世紀工業革命和商業與航運業的發展，銀行家、航海家、天文學家和工程師們進行計算的次數越來越頻繁，並且要求不出錯誤。英國數學家查爾斯‧巴貝奇認為，如果蒸汽機能讓人類從繁重的體力勞動中解脫出來，那麼算術運算的自動化想必能將學者

61

計算與程序

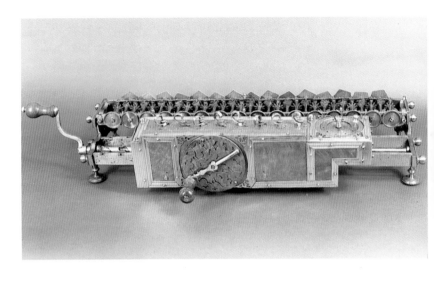

萊布尼茲的計算機
該計算機於1694年由德國哲學家、數學家萊布尼茲設計，這是第一架能進行乘法與除法的計算機。

計算與程序

們從令人厭倦的計算中解放出來，尤其能使人們避免計算中的錯誤。

巴貝奇的壯志並未僅僅停留在這個想法上。作為偉大的夢想家，他還想製造出一架「程序」計算機，也就是說按照事先編製好的程序進行一系列指定的計算。為了實現這個目標，他設想使用穿孔卡，用穿孔卡來輸入數據和進行一系列運算。為此他借助雅卡爾織機上已應用的技術：像現代計算機那樣，雅卡爾織機上織物的花樣事先已編製在穿孔卡上。正如現代電子計算機一樣，巴貝奇的機器已經具有稱作「存儲器」的第一部分，用以存儲語句和運算結果；巴貝奇把第二部分稱為「磨坊」，這一部分是進行運算的。

儘管英國政府在巴貝奇計劃之初已給予他經費上的支持，但巴貝奇終究未能成功建造兩種計算機模型。是因為他的想法就那個

雅卡爾織機

該機器由法國機械工程師雅卡爾設計並獲得極大的成功（1812年，在法國已有11000架）。與原始管風琴和音樂盒相似，該機器係根據穿孔卡運作。

時代而言太先進了呢?還是在技術上有缺陷?最近，倫敦博物館的工程師們試圖回答這個問題。他們想用現代技術，根據巴貝奇留下的計劃，來製造巴貝奇機器之中的一架。經過六年的努力，他們終於成功地讓該計算機運轉起來!

吸取巴貝奇的想法，為了便於美國的人口統計，德國出生的美國數學家赫勒曼‧霍勒瑞斯於1890年發明了一架計算機。該機器能夠根據各種標準（性別、年齡、狀況等）對人口進行統計與分類，每個人作出的答案記錄在穿孔卡上，一個孔對於 288 個問題中的

計算與程序

巴貝奇的計算機

最近由工程師們重造且在倫敦科學博物館陳列的巴貝奇的「差分機」，如同雅卡爾織機一樣，是借助穿孔卡運轉的。

計算與程序

一個問題作出肯定回答。指針隨後通過這些卡用以把這些回答進行歸類，當指針在卡上一個確切地方遇到一個孔時，就讓電流通過，電流啟動計算機運轉。就這樣，霍勒瑞斯計算機把機械與電結合起來，能夠計算及處理除數據之外的其他信息。

由於他的發明在美國及歐洲引起了極大的迴響，1896年，霍勒瑞斯創建了一家大型計算機製造公司，該企業不久就以國際商用機器公司(IBM)而聞名於世。

二進制數字邏輯

隨著計算機的發展，19世紀的一位英國數學家喬治·布爾繼續帕斯卡和萊布尼茲的理想，他試圖在人類思維邏輯與數學規則之間建立起聯繫。為此目的，他給每一個句子或者邏輯命題賦予一個「真」與「假」中選擇的值，且分別用"1"與"0"表示。如果一個命題為真，它取值為"1"；若命題為假，則取

真值表與電路

布爾代數定律與二進制電路始於19世紀中。但直到1938年，美國的一位數學家香農才第一次建立了布爾代數理論與技術實現之間的聯繫。

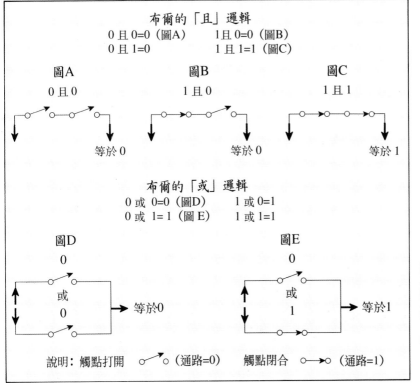

布爾的「且」邏輯

0 且 0=0（圖A）　　1 且 0=0（圖B）
0 且 1=0　　　　　1 且 1=1（圖C）

圖A　　　　　　圖B　　　　　　圖C
0 且 0　　　　　1 且 0　　　　　1 且 1

等於 0　　　　　等於 0　　　　　等於 1

布爾的「或」邏輯

0 或 0=0（圖D）　　1 或 0=1
0 或 1=1（圖E）　　1 或 1=1

圖D　　　　　　　　　圖E
0　　　　　　　　　　0
或　　　　　　　　　　或
0　　　　　　　　　　1

等於0　　　　　　　　等於1

說明：觸點打開　○▶○（通路=0）　觸點閉合　○──▶○（通路=1）

計算與程序

半導體充當微型開關角色，它在收音機、電視機和第一代電子計算機中控制電流。由於它體積小、能量消耗少，所以替代了第一代儀器中笨重的燈與電子管。

值為"0"。命題之間用「且」(ET)和「或」(OU)兩個運算進行組合，其運算記號分別用 "×" 和"+"表示。組合後所得命題的值取"1"(真)或者"0"（假）。由此，布爾建立了人類思維與二進制算術運算之間的聯繫規律。

由布爾建立的規律能應用到電路上去。如果觸點是閉合的，電流通過，表示為"1"；反之如觸點打開，電流不通過，則表示為"0"。因此，表示成"0"與"1"的每一個信息能夠控制電路的開啟與閉合，這樣信息能夠以極快的速度傳遞。

電子時代

第二次世界大戰期間，各國政府都希望藉高速與複雜的計算來測量他們武器的射程，製造新式武器(如原子武器)，或者能破譯敵人的情報，因此政府鼓勵像圖林和馮·諾伊曼這樣的數學家和發明家發展新的程序計算機。馮·諾伊曼和其他合作者一起製造出能高速進行數值計算且能存儲數值的第一代電子計算機，這一代計算機由成千上萬個電子管零件及幾公里長的電線組成，其重量有幾百公斤。

計算與程序

為了從實驗室中走出，進入辦公室，電子計算機必須縮小體積，降低重量。隨著半導體及矽晶片等微電子元件的出現，計算機的微型化趨勢已成為可能。矽晶片又稱為「微型晶片」，已被大家所熟悉。這些矽晶片在幾平方毫米的面積上能容納一百多萬個電子元件。

　　由於大量生產和低廉的價格，電子計算機越來越普及、性能越來越完美、速度越來越快，現代計算機不僅能進行數學計算，還能處理文件、圖像和聲音，使我們進入了「多媒體*」時代。

電子數字積分機與計算機(L'ENIAC)

第一架電子計算機於1945年12月在美國費城啟動運轉。與當今電子計算機相比，它的體積是如此之龐大：30公尺長、1公尺寬、3公尺高！

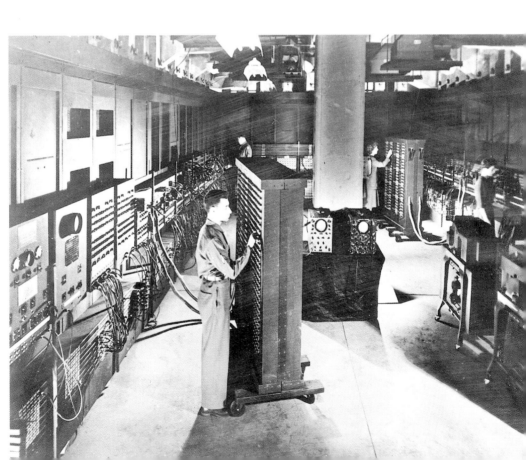

Samuel
MORSE

TELECARTE 120

微型晶片

如今,微型晶片已成為我們生活的一部分。微型晶片是一塊矽晶片,在其上經光刻後製成積體電路或「微處理器」。

微型晶片也用在可攜式計算器、石英手錶以及遊樂器上。在日常生活中,微型晶片製成的電子卡可以在電話亭中打電話、當做現金使用以及打開辦公室的門。矽元素在自然界裏到處可見,因為矽也是沙的組成部分。矽不導電,但是如果在其上加一些雜質的話,它就具有電流開關的性質。微型晶片含有矽碎片。

在一張卡上,微型晶片在金屬片保護下,其不同的觸點用銅線焊接聯結起來。它包含有一個微型計算器和一些儲存器,儲存器能儲存大量的數字,不過它只認識這些以 "0" 與 "1" 形式出現的數字,它服從二進制邏輯。

計算與程序

計算與程序

積體電路

微型晶片和另一些元件
焊在一塊分離的載體
上，它們用銅線和管腳
聯結。在一架電子計算
機中有兩種儲存器，一
種稱為隨機儲存器，它
們儲存信息，但人們可
以隨時修改已存的信息
（稱為RAM）。另一類
稱為唯讀儲存器，信息
錄入之後，不能改變，
只能讀出（稱ROM）。

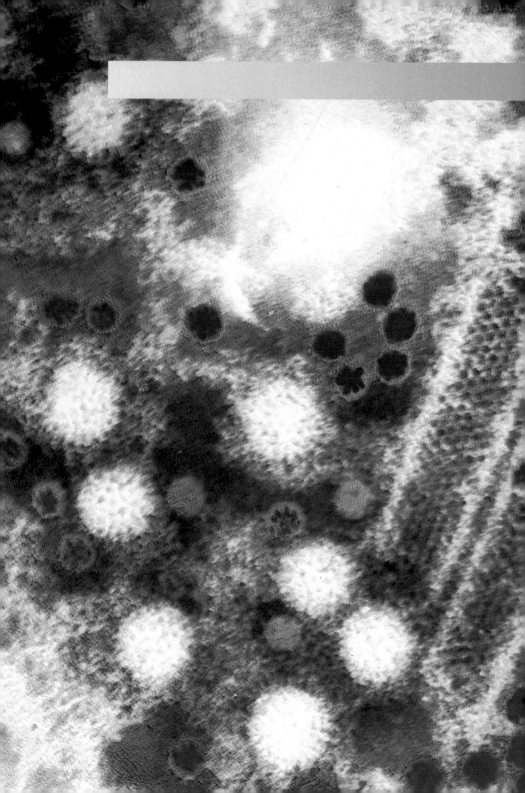

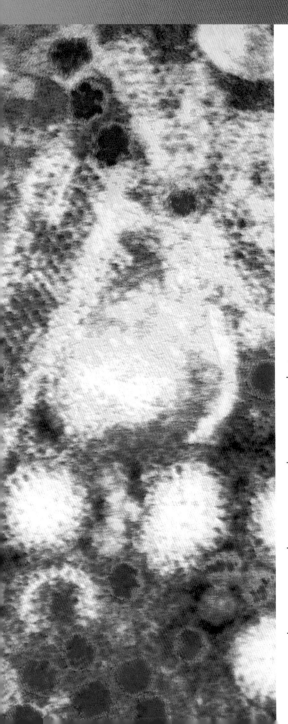

生物知識

生物的命名與分類

博物學家們的世界之旅

科學探險與旅行於17世紀開始，並貫穿整個18與19世紀。一般而言其目的是研究邊緣地區的動物與植物。從此植物學家、動物學家、博物學家參與大批的軍事、商業或地理遠征，當然還有畫家、攝影師參加。政府給予他們經濟上的資助，他們在自然環境中考察動、植物，或者把動、植物帶回國內作進一步的研究。

這些旅行有利於新物種從一個大陸遷移到另一個大陸。旅行也提供了認識新動、植物的機會，大大地增加了已知動、植物的數目。

生物知識

二名法

18世紀期間，瑞典植物學家＊及醫生林奈闡述了體系或《專業詞彙＊表》——它能使我們對不同物種的動物與植物進行識別、命名及分類。大家一致認可的專業詞彙＊正如拉瓦錫在化學中提出的專業術語一樣，至今仍然適用。

　　根據林奈的說法，生物分類可以表示成圖解形式，就像一棵樹帶有樹枝及分枝。首先主要的樹幹分為兩大「界」或「族」：植物界與動物界，然後又分為「門」、「綱」、「目」、「科」、「屬」、「種」。一個種，是生物的一個群體，在這個群體中生物相似且在他們之間繁殖，如人類是一種。這種分類展現了生物組織美妙的一面，而且在科學發展過程中依此分類法能夠整理大量新發現的物種。這也是一種檢驗的方法，看看一種動物或植物的樣本是否對應於一個新的物種。

　　林奈以二名法來給動、植物命名。第一個字如同一個人的姓，代表屬，第二個字如同一個人的名，用以代表種。如一條家犬，稱 "Canis familiaris"。林奈選擇拉丁文作為他的專業詞彙，因為在他那個時代所有的學者都懂拉丁文，從而避免了不同國家在理解上的困難。

自然的安排者

卡爾文・林奈於1735年出版了他的名著《自然系統》，在該著作中，作者研究了自然這一神奇事物的次序。他把分類系統看成是自然科學的基礎，在此分類系統中，人類在所有動物中有他自己的位置。

73

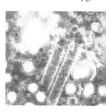

生物知識

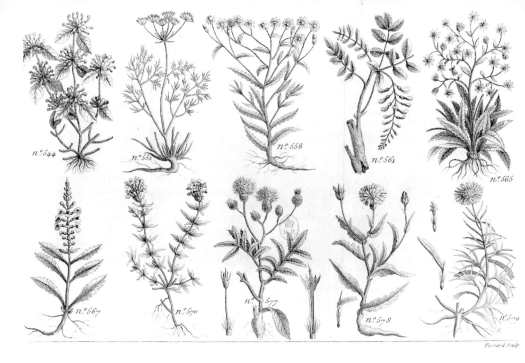

n.º 544
n.º 551
n.º 558
n.º 561
n.º 565
n.º 567
n.º 570
n.º 577
n.º 578
n.º 579

Pecard Sculp

植物標本或植物誌

植物學家*不斷從遠方
帶回一盆盆的植物、各
種各樣的種籽以及夾在
紙片中曬乾的植物。它
們統稱為「植物標本
(herbiers)」。"Herbiers"
也解釋為植物誌,表示
一些以植物為題材且有
插畫的書籍。

74

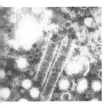

生物知識

Allamanda. Orelie.

Amone Velue.

皇家花園

在 1626 年到 1633 年之間，法國植物學家*，路易十三的醫生居伊·布羅斯創建了皇家花園。藥用植物皇家花園（現在的植物園）是一個真正的植物實驗室，我們在此能找到從世界各地帶回的植物。第一本植物園的目錄始於 1636 年。自從法國大革命之後，植物園（園中有自然歷史博物館）成為生物學家、博物學家*們進行科學研究的基地。

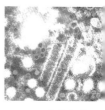

生物知識

固定不變的還是進化的?

與林奈同時代的人,法國博物學家*布豐伯爵指責這位瑞典學者只憑其想像而無確鑿事實條件創立的分類系統。他還認為林奈忽視了地球上物種出現後進化的漫長過程。

布豐認為,物種之間的差異,即使是細微的,在地球上經過漫長的時間之後,會導致物種出現多樣性。布豐的觀點觸及了學者們關於物種不變性的權威論點,當然也有詩聖經中關於上帝創造萬物的敘述。

從1800年起,另一位法國博物學家拉馬克建立了物種變化理論,認為物種的變化必須遵循兩條規則。一方面,他認為生物的進化是從一個簡單結構向一個越來越複雜的結構演變的;另一方面,他以為一個物種是為了適應它所生存的環境而演變的。如,鷺之所以發展它的長腳是因為它在池塘捕魚時必須保持肚子不接觸到水面。鷺的新特徵,長腳,是其子子孫孫在幾百萬年歷史的長河中逐步演變而成的。

拉馬克堅持的理論也遭到了一位法國著名的動物學家*喬治·居維葉男爵的反對與批評。

76

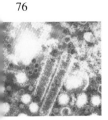

生物知識

在眾多合作者的幫助下,布豐在百科全書長卷《自然史》中運用極美的插圖描繪出生物的全景。該書詳述了自然的漫長歷史,是一部豐富多彩的入門書。

進化與選擇

1831 年，英國博物學家*達爾文作了一次環球探險旅行,他目睹了地球上物種的多樣性、相似性及特殊性，還特別研究了南美洲海岸附近科隆群島上動物與植物的個別特性。他推測，因為跨大西洋洋流的通過，使這個島上的動物與南美洲大陸上的動物具有相似性。他在島上還發現與南美洲大陸一樣的植物，於是他想植物的種子大概是由漂洋過海的鳥帶過來的。然而他在島上還發現與南美洲大陸截然不同的一些新生物，他認為這些形貌與南美洲大陸截然不同的生物是為了適應島上的生活條件而生成的。達爾文還認為，物種的分布與共同祖先的遷移和演變有關。

乘比格爾號船旅行

年輕的英國博物學家*達爾文很幸運有機會乘比格爾號雙桅船作環球旅行。在那次偉大的探險活動之後，他長時間研究植物與動物在地球上的分布。

77

生物知識

((L'HOMME DESCEND DU SINGE)) - QUELLE VANITÉ ! JE PROTESTE NOUS SOMMES LIBRES ET ATHÉS NOUS, TANDIS QUE LES HOMMES QUAND ILS VEULENT L'ETRE ON LES MASSACRE...

PILOTELL 1871

生物知識

人是猴子的後代？

一個物種可能是另一物種後裔的觀點曾引起了議論。達爾文的誹謗者根據達爾文的觀點，機械式地得出人類是猴子的直接後代。

達爾文還觀察到一些弱的物種在自然界中消失，而一些強的物種生存下來，如果越來越強的物種生存下來，那麼它們就把更多

的優秀品質傳給下一代。根據達爾文的說法，動物與植物在它們生活環境中的適應性是「自然選擇」的結果，也可以稱之為「物種在改良中傳代」，他的這個理論很像在他之前的拉馬克所發表的理論。

為了在他的祖國英國傳播他的思想觀點，達爾文遭遇了拉馬克曾經遇到的困難，因為在英國，人們不會容忍任何違背聖經的說法。因此他足足花了20年，經過仔細推敲後才發表他關於物種進化與自然選擇的理論。在亞洲的另一位博物學家*華萊士在自然選擇方面得到與達爾文相同的結論，且與達爾文差不多同時發表了他的結論。華萊士與達爾文一樣都認為物種不是固定不變的，物種進化產生了新的物種，然而他們都不能用遺傳機制解釋新物種的出現。

達爾文也發展了性選擇理論：在自然界中雄性之間進行一場戰鬥之後，雌性選擇勝利者為她的配偶，因此能使取勝雄性的特性傳給他們的下一代。

1859年達爾文出版了他的偉大科學著作《物種起源》。該著作引起很大的迴響，到1872年止，共再版六次。在達爾文的理論中，進化能導致一個新物種的產生，這種觀點沒有給上帝的干預留下任何位置，因此這個理論不能被教會所接受。相對於其他的動物世界，人類並沒有占據特別優越的地位。

化石表明真相

化石是保存在岩石中的、活有機體的殘骸，化石為已消失的物種或古老的物種提供見證。研究化石的學問稱為古生物學，這是自

79

生物知識

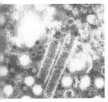

生物知識

巨化石

博物學家[＊]們對已消亡的物種「恐龍」頗感興趣。在希臘，「恐龍」一詞意味著一種可怕的、帶鱗片的爬行類動物。

然史的一個重要分支。17世紀發現的巨型化石證實了「滅絕」的物種的存在。「滅絕」的物種就是在地球表面上消失的物種，比如恐龍。

居維葉和拉馬克兩位學者，總的來說在觀點上有分歧。拉馬克相信物種進化論，但

是否定物種中某一些消亡的理論；而居維葉
拒絕物種演變觀點，但作為古生物學家，他
只能接受物種消亡的理論。達爾文結束了這
場爭論，比較化石和他那個時代的生物，他
找到了自然界中物種進化論的一個明顯證
據。

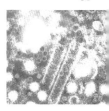

生物知識

虎克顯微鏡

因為顯微鏡是由一個到多個透鏡系統構成，所以它能使人們清楚地看到肉眼看不到的物體。

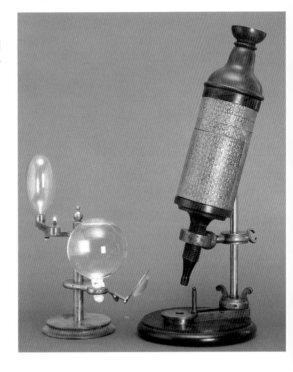

一架計算紗線的顯微鏡

17世紀的荷蘭呢絨商人安東尼對細胞的發現居功厥偉。他使用很大的放大鏡來檢查織物的緯線及數紗線，用以觀察各種肉眼發現不了的東西。他定期把觀察報告送到科學家聚集的倫敦皇家學會。

1660年，英國物理學家與天文學家魯伯特·虎克用一架顯微鏡觀察一塊軟木。因為有兩個透鏡，所以顯微鏡能把物體放得很大。

82

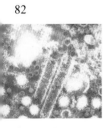

生物知識

在軟木上，他看到一些空腔被一個很小的膜分隔開，他把這些空腔稱作「細胞」。

隨著顯微鏡的進步，動、植物結構的基本單位——細胞的圖像也越來越清晰。1835年法國醫生勒內成功地分離了一個細胞，從此生物學家對細胞的結構及有關細胞的一切產生了濃厚的興趣。

在一個細胞中發生什麼？

法國化學家巴斯德對糖變成酒精的現象很感興趣。酒精是製作酒和啤酒的原料，他認為稱為「酵母」的極小活體是「發酵」現象的來源。然而他的觀點與德國化學家萊比錫的觀點相衝突，萊比錫認為發酵是純粹的化學反應，不存在活的有機物的干預。其實這兩位學者都是有道理的，因為發酵是靠一種稱

路易斯·巴斯德

(1822–1895)

為了證明微生物是傳染病的源頭，巴斯德得到了巴黎大學教授、部長、議員杜馬斯在政治上與科學上的支持。

細胞結構

細胞膜是一個細胞的組成部份，細胞膜內含有化學物質細胞質，在其內部有核，核內有染色體。在細胞繁殖的過程中，細胞核居主要地位。

83

生物知識

為酶的化學物質，而酶是由活的有機體製造出來的。

巴斯德指出：當細胞汲取養份時，發酵現象就在生物的細胞中產生。

微生物研究

1865年，巴斯德試圖幫助牧人們，因為他們的牲畜患上了傳染病。他發現有一種微有機體存在，這種微有機體通常稱為「微生物」，它是疾病的根源，能從一頭牲畜傳到另一頭。一次偶然的機會他把這些微生物以極其微小的劑量注射到牲畜身上，奇蹟出現了，他成功地預防了在牲畜群中蔓延的疾病。從而他發現了預防接種原理，不僅救了動物，也救了人類。

巴斯德結束了學者們對於微生物起源的長期爭論。以著名的法國生物學家菲利為代表的一部份人認為，這些微有機體是一個惰性體「自發繁衍」的結果，也就是說他們是在惰性體內自行產生的。恰恰相反，巴斯德認為：同所有其他生物一樣，一個微生物是出生於另一個微生物，在巴黎大學進行的公開實驗中，他顯示了這個觀點的證據。

生物知識

孟德爾

大約在19世紀，奧地利的一位修道士孟德爾在進行植物雜交配種*時，千方百計想發現像顏色、高矮等遺傳特徵的傳遞方式。他在修道院的花園裏，對豌豆和其他植物進行了大量試驗後得到了以下結論：每一個親代豌豆的特徵會在下一代顯露。

讓我們看一下他在實驗中是如何解釋雜交結果的。假定對黃豌豆族和綠豌豆族進行雜交，儘管綠的特徵和黃的特徵已經傳到雜交後第一代的每一枝豌豆中，然而我們看到的只是黃豌豆。然後他對第一代的「子代豌豆」進行雜交，在第二代豌豆中是這樣的比例關係：三枝黃豌豆對一枝綠豌豆。他提出兩類特徵的存在：一種是顯性的，如同這裏的「黃色」，它掩蓋了「綠色」；另一種是隱性*的。為了獲得遺傳的規律，孟德爾在豌豆雜交工作中做了大量的實驗，進行大量的數據統計，用以證實他的理論。

孟德爾(1822–1884)

孟德爾，一位園林工人的孫子，也是自然史與物理學的教授。他的遺傳特性傳遞規律的理論從1866年至1900年35年中沒有被人們所認可。1900年他的理論被三位遺傳學家同時在荷蘭、德國、奧地利證實。科學史上人們稱之為「孟德爾定律」的重新發現。

85

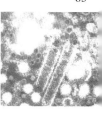

生物知識

染色體與基因

被孟德爾闡明的特徵就是我們所說的「基因」，他們的結構如同小棒，稱為染色體。染色體位於所有生物的細胞核中，且是成對出

孟德爾定律

這個圖顯示了黃豌豆和綠豌豆的雜交過程，我們能看到經過兩代之後黃的顯性特徵（對應於基因 Y）和綠的隱性特徵（對應於基因y）的變化情況。第一代雜交後得到的種全是黃的，儘管種子具有兩個基因 Y 和y，但是顯性特徵Y占上風（中間箭頭所示）。在第二代（底下箭頭所示），當它存在有yy時，對應於綠色的隱性基因y才體現出來。

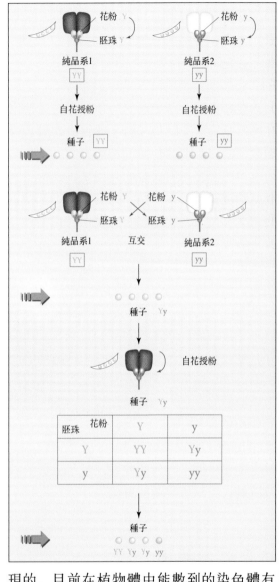

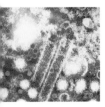

生物知識

現的。目前在植物體中能數到的染色體有100對，而在人體的每一個細胞中，有23對染色體。DNA分子（脫氧核糖核酸）是基因的化學載體，因此是遺傳的萬能載體。

如同電子計算機程式，DNA具有細胞生長、繁殖以及生物成熟所必須的全部指令。如果把它拉直了，一個DNA分子會比容納它的染色體長一萬倍，因為它是螺旋形式，所以能依附在染色體中。如果我們把人體細胞中所有DNA分子展開首尾相接，則有幾十億公里長。

DNA的結構是由兩位科學家發現的，一位是英國的克里克，另一位是美國的華生。他們運用富蘭克林用X射線得到的DNA圖像來顯示DNA的結構。

DNA分子

它的結構類似於一個雙螺旋或螺旋型的樓梯。這種分子包含著遺傳信息，遺傳信息使細胞能生成生物必須的蛋白質。

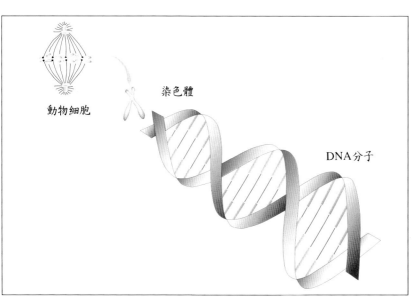

動物細胞

染色體

DNA分子

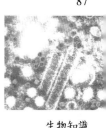

生物知識

著名科學家

安培(**Ampère** André Marie, 1775–1836)

阿那克西米尼(**Anaximène** de Milet, v. 550–v. 480 av. J.-C.)

亞里斯多德(**Aristote**, 384–322 av. J.-C.)

亞弗加厥(**Avogadro** Amadeo, 1776–1856)

巴貝奇(**Babbage** Charles, 1792–1871)

貝克勒(**Becquerel** Henri, 1852–1908)

貝爾(**Bell** Alexander Graham, 1847–1922)

貝爾托萊(**Berthollet** Claude Louis, 1748–1822)

巴結流(**Berzelius** Jöns Jacob, 1779–1848)

布拉克(**Black** Joseph, 1728–1799)

波耳(**Bohr** Niels Henrik, 1885–1962)

邦普朗(**Bonpland** Aimé Goujaud, dit, 1773–1858)

布爾(**Boole** George, 1815–1864)

波以耳(**Boyle** sir Robert, 1627–1691)

布拉(**Brahe** Tycho, 1546–1601)

布蘭德(**Brand** Hennig, 1625–1692)

布蘭利(**Branly** Édouard, 1844–1940)

布豐(**Buffon** Georges Louis Leclerc de, 1707–1788)

坎尼扎魯(**Cannizzaro** Stanislao, 1826–1910)

卡諾(**Carnot** Nicolas Léonard Sadi, 1796–1832)

卡文狄西(**Cavendish** Henry, 1731–1810)

哥白尼(**Copernic** Nicolas, 1473–1543)

克里克(**Crick** Francis, 1916)

居里夫人(**Curie** Marie, née Sklodowska, 1867–1934)

居里(**Curie** Pierre, 1859–1906)

居維葉(**Cuvier** Georges, 1769–1832)

道耳吞(**Dalton** John, 1766–1844)

達爾文(**Darwin** Charles, 1809–1882)

戴維(**Davy** Humphry, 1778–1829)

德謨克利特(**Démocrite**, v. 460–v. 370 av. J.-C.)

笛卡兒(**Descartes** René, 1596–1650)

圖泰勒塞(**Dutrochet** René Joachim Henri, 1776–1847)

愛迪生(**Edison** Thomas, 1847–1931)

愛因斯坦(**Einstein** Albert, 1879–1955)

恩培多克勒斯(**Empédocle** d'Agrigente, v. 490–v. 435 av. J.-C.)

伊比鳩魯(**Épicure**, 341–270 av. J.-C.)

法拉第(**Faraday** Michael, 1791–1867)

富克(**Fourcroy** Antoine François de, 1755–1809)

富蘭克林(**Franklin** Rosalind, 1921–1958)

夫瑞奈(**Fresnel** Augustin Jean, 1788–1827)

弗里德曼(**Friedmann**, Aleksandr Aleksandrovich, 1888–1925)

伽利略(**Galilée** Galileo Galilei, dit, 1564–1642)

伽桑狄(**Gassendi** Pierre Gassend, dit, 1592–1655)

給呂薩克(**Gay-Lussac** Louis Joseph, 1778–1850)

德莫沃(**Guyton de Morveau** Louis Bernard, 1737–1816)

亨利(**Henry** Joseph, 1797–1878)

赫拉克利特(**Héraclite** d'Éphèse, v. 540–v. 480 av. J.-C.)

亨茨耳(**Herschel** sir William, 1738–1822)

赫茲(**Hertz** Heinrich Rudolf, 1857–1894)

霍勒瑞斯(**Hollerith** Hermann, 1860–1929)

虎克(**Hooke** Robert, 1635–1703)

哈伯(**Hubble** Edwin Powell, 1889–1953)

洪保(**Humboldt** Alexander von, 1769–1859)

雅卡爾(**Jacquard** Joseph-Marie, 1752–1834)

克卜勒(**Kepler** Johannes, 1571–1630)

拉馬克(**Lamarck** Jean-Baptiste de, 1744–1829)

拉瓦錫(**Lavoisier** Antoine Laurent de, 1743–1794)

拉瓦錫(**Lavoisier** Marie, née Paulze, 1758–1836)

拉斐葉(**Le Verrier** Urbain, 1811–1877)

萊布尼茨(**Leibniz** Gottfried Wilhelm, 1646–1716)

勒梅特(**Lemaître** Mgr Georges Henri, 1894–1966)

流基伯(**Leucippe**, v. 460–370 av. J.-C.)

萊比錫(**Liebig** Justus von, 1803–1873)

林奈(**Linné** Carl von, 1707–1778)

馬可尼(**Marconi** Guglielmo, 1874–1937)

馬克士威(**Maxwell** James Clerk, 1831–1879)

孟德爾(**Mendel** Johann, en relig. Gregor, 1822–1884)

門得列夫(**Mendeleïev** Dimitri Ivanovitch, 1834–1907)

諾伊曼(**Neumann** Johannes von, 1903–1957)

紐克曼(**Newcomen** Thomas, 1663–1729)

牛頓(**Newton** sir Isaac, 1642–1727)

厄司特(**Œrsted** Hans Christian, 1777–1851)

帕斯卡(**Pascal** Blaise, 1623–1662)

巴斯德(**Pasteur** Louis, 1822–1895)

波波夫(**Popov** Aleksandr Stepanovich, 1859–1906)

布塞(Pouchet Félix Archimède, 1800–1872)

卜利士力(Priestley Joseph, 1733–1804)

普魯斯特(Proust Joseph Louis, 1754–1826)

托勒密(Ptolémée Claude, v. 90–v. 168)

拉齊(Razès ou Al-Razi Abu Bakr Muhammad ibn Zakariy ya, v. 854–925/935)

侖琴(Röntgen Wilhelm Conrad, 1845–1923)

羅埃爾(Rouelle Guillaume François, 1703–1770)

拉塞福(Rutherford of Nelson lord Ernest, 1871–1937)

斯昆(Seguin Marc, 1786–1875)

香農(Shannon Claude Elwood, 1916)

斯密頓(Smeaton John, 1724–1792)

索迪(Soddy sir Frederick, 1877–1956)

施塔爾(Stahl Georg Ernst, 1660–1734)

史蒂芬生(Stephenson George, 1781–1848)

泰勒斯(Thalès de Milet, v. 625–v. 547 av. J.-C.)

圖林(Turing Alan Mathison, 1912–1954)

阿爾圖斯(Tusi (Al-) Nasir al-Din, 1201–1274)

凡里文霍克(Van Leeuwenhoek Antonie, 1632–1723)

伏打(Volta Alessandro, 1745–1827)

華萊士(Wallace Alfred Russel, 1823–1913)

華生(Watson James Dewey, 1928)

瓦特(Watt James, 1736–1819)

維爾茨(Wurtz Charles Adolphe, 1817–1884)

歐洲核研究委員會

連續物質微粒元素的發現需要巨型工具，投入巨額資金。1952年，歐洲人決定建立微粒物理研究的大型實驗室。歐洲核研究委員會位於瑞士的日內瓦，150多名歐洲共同體的物理學家們聚集在此，圍繞著世界上最大的粒子加速器展開研究工作。1984年，在此工作的物理學家卡洛和工程師西蒙因為發現了新的微粒元素，而獲得了諾貝爾物理獎。

遺傳工程

我們把對基因進行分析、調節的知識稱為遺傳工程。當我們想提高一種植物的營養質量或想瞭解某種疾病的起因時，遺傳工程是非常有用的。然而，如果科學家們把基因知識應用到人身上企圖改變世襲性格的話，則會引起人們的擔心與恐懼，因為這是一種「遺傳操縱」的行為。此外，在實驗室中，有關基因的實驗必須十分小心。

無線電天文學

我們利用安置在地面上的巨型天線接收宇宙發出的無線電輻射，這些輻射是天體中不可估量的信息來源。

1965年於法國揭幕的南賽無線電望遠鏡為世界上最宏偉的工具。為了能更理解星系在宇宙中的地位，我們要特別強調星系質量和速度的測量。無線電望遠鏡在日常生活中也扮演著重要的角色，如用於氣象預報和衛星通訊。

93

補
充
知
識

94

參考書目

F. Balibar,愛因斯坦,思維的樂趣(*Einstein, la joie de la pensée*), Gallimard, 1993.

B. Bensaude-Vincent, A.-C. Martin,在拉瓦錫的實驗室(*Dans le laboratoire de Lavoisier*), Nathan, 1993.

D. Dixon,愛因斯坦和他的相對論(*Albert Einstein et la relativité*), Le Sorbier, 1994.

M. Ellenberger, M.-M. Collin,帕斯卡的計算機(*La Machine à calculer de Blaise Pascal*), Nathan, 1993.

G. Ifrah,數字,一個偉大發明的歷史(*Les Chiffres ou l'histoire d'une grande invention*), Robert Laffont, 1985.

B. Latour,與微生物作鬥爭的巴斯德(*Pasteur, bataille contre les microbes*), Nathan, 1985.

S. Parker,亞里斯多德和科學思想(*Aristote et la pensée scientifique*), Le Sorbier, 1994.

S. Parker,牛頓與地心引力(*Isaac Newton et la pesanteur*), Le Sorbier, 1993.

S. Parker,巴斯德和微生物(*Louis Pasteur et les microbes*), Nathan, 1993.

J.-C. Pasquiez,在活人心中(*Au cœur du vivant*), Casterman, 1977.

C. Ronan,科學, 認識且理解宇宙與生活(*Toute la science. Connaître et comprendre la vie et l'Univers*), Solar, 1994.

L. Salem,令人驚歎的分子(*Molécule la merveilleuse*), Inter Éditions, 1979.

精通科學(*Master sciences*), Hachette Éducation.

叢書

科學的祖先創造者們(«Les pères fondateurs de la science»), *Cahiers de Sciences et Vie*.

科學大辯論(«Les grandes controverses scientifiques»), *Cahiers de Sciences et Vie*.

酷愛科學(«Passion de Sciences»), Gallimard.

連環畫

C. Ghigliano, L. Novelli,化學史連環畫(*Histoire de la chimie en bande dessinée*), Casterman, 1984.

博物館

巴黎
文物館(Palais de la découverte).

維萊特公園的工業與科學城(Cité des sciences et de l'industrie du parc de la Villette).

國立技術博物館(Musée national des techniques au CNAM (Conservatoire national des arts et métiers)).

自然史博物館(Muséum d'histoire naturelle).

巴斯德研究所(Institut Pasteur).

其他地方
科學博物館(Science Museum),英國倫敦

科學史博物館與研究所(Instituto e Museo di Storia della Scienza),義大利佛羅倫斯

本詞庫所定義之詞條在正文中以星號 (*) 標出，以中文筆劃為順序排列。

二　劃

人造衛星 (Satellite artificiel)
衛星是一個天體，它繞著一個行星旋轉；人造衛星則是從地球上發射的，繞著地球或某一行星旋轉的天體。人造衛星上帶著很多觀察儀器、儀表，及能提高無線電或者電視波功率的轉播儀器、工具等。

四　劃

公轉 (Révolution)
天體繞其他天體運轉的運動。如衛星繞行星、行星繞太陽運轉等。

天 (Céleste)
對古代人來說，天包括地球之外的全部宇宙，這是充滿著幸福與美滿的地方。

天體的軌道包圍的面 (Orbe)
指的是一個行星的軌道所圍成的面。例如黃道面即指地球繞日軌道所圍成的面。

太陽中心說 (Héliocentrisme)
天文理論，認為太陽是宇宙的中心。"hêlios" 在希臘文表示「太陽」。

月下 (Sublunaire)
對古代人來說，月下世界指的是位於月球下面，包括地球及地球和月球間的空間。這是重體存在的地區，也是事物產生、變質、腐爛、死亡的地方。

五　劃

以太 (Éther)
古人認為，天*充滿著一種稱之為以太的流動物質。愛因斯坦之前的物理學家們認為這是能使光和電磁波傳播的環境，現在我們知道以太並不存在。

永久磁鐵 (Aimant permanent)
能夠把鐵或鋼吸向本身而且能一直自然保留磁性的物體。

六　劃

地球中心說 (Géocentrisme)
天文理論，認為地球是宇宙的中心。"gê" 這個字在希臘文中表示「地球」。

多媒體 (Multimédia)
結合圖像、聲音及文字等資訊之媒體系統；通常藉計算機、電視、與光碟技術整合而成。

宇宙探測器 (Sonde spatiale)
送到太空中去的一種裝備，這種裝備被安置在一個行星上，把它接收到的信息轉播到地球上來。

八　劃

波動論 (Ondulatoire)
是一種關於波能夠移動的思想，如光的波動理論。

九　劃

星盤，等高儀 (Astrolabe)
天文工具，用於測量地平線以上的天體高度。

重體 (Corps graves)
對古代人來說，這些物體位於塵世中、地球上以及月球與地球間的所有空間。

十　劃

氦 (Hélium)
在地球上很稀少的氣體，在外太空中，尤其在太陽中卻十分豐富。

十一　劃

動物區系，動物誌 (Faune)
一個國家或一個地區的動物集合，也是描寫動物的著作。

動物學家 (Zoologiste)
專門從事動物研究的博物學家*，"zoo" 在希臘文指的是動物。

專業詞彙 (Nomenclature)
術語，某門學科中的專門用語。

十二　劃

博物學家 (Naturaliste)
在 19 世紀，同時研究動、植物及礦物的學者被稱為博物學家，現在我們稱之為生物學家。

場 (Champ)
在物理意義上的場中可以表現出力，有力的作用。如磁場，鐵片放在磁場中可以明顯地看出有磁力。

植物區系，植物誌 (Flore)
這是一個國家或地區中自然生長的植物全體，也是描繪植物的著作。

植物學家 (Botaniste)
專門從事植物研究的博物學家*，該字希臘文的意思是「植物」。

發電機 (Dynamo)
它能把機械能轉變成電流。

十三　劃

微粒說 (Corpusculaire)
這是一個有關物質與能量的微粒思想，如「物質微粒論」。

感應(Induction)
物理現象，當穿過線圈的磁通量
改變時，在線圈中產生電流的現
象。

煤氣表(Gazomètre)
用以測量氣體容量的儀表，拉瓦
錫創造製成的。

萬有引力
(Attraction universelle,
Gravitation)
由牛頓發現的萬有引力*定律指
出，兩個物體間存在著一個吸引
另一個的物理現象，如地球上和
天空中的所有物體依其質量與距
離相互吸引。

經度(Longitude)
一個天體的坐標，表示它在天空
中的位置；也可以說是一個點的
坐標，表示它在地球上的位置。

煅燒，焙燒(Calcination)
一種操作，在這個操作過程中，
人們把一物質放在高溫中，從而
改變物質結構。

十四劃
圖表(Tables)
在天文中使用，人們把觀察星球
及觀察星球運動的結果都登錄其
上。

腐蝕(Corrosion)
當一金屬在酸或其他化學品的作
用下受到損壞時，我們稱為「腐
蝕」。

銀河，銀河系(Galaxie)
星球大家族，常常以螺旋形或透
鏡形出現。

十六劃
燃燒(Combustion)
人們用火焚燒物質的過程；劇烈
的氧化作用發出光和熱。

十七劃
隱性(Récessif)
在基因遺傳中，每一個基因都是
對偶基因。當一對偶基因由不同
型組成時，稱優勢型；如果一對
偶中兩個組成都是隱性的，則是
隱性型。

十八劃
雜交配種(Croiser)
對事先選擇好的一些對象，用一
種專門的方法繁殖植物時，稱為
「雜交配種」。

所標頁碼為原書頁碼，從粗體號碼的書頁裡可以歸納出該詞完整的意思。

索引

索

引

99

索引

人類文明小百科

探索英文叢書・看故事學英文

超級科學家系列
SUPER SCIENTISTS

當彗星掠過哈雷眼前，
當蘋果落在牛頓頭頂，
當電燈泡在愛迪生手中亮起……
一個個求知的心靈與真理所碰撞出的火花，
那就是《超級科學家系列》！

全書中英對照，配合清晰的字詞標示與精美繪圖，學起英文來再也不枯燥。

神祕元素：
居禮夫人的故事

電燈的發明：
愛迪生的故事

遠望天際：
伽利略的故事

光的顏色：
牛頓的故事

爆炸性的發現：
諾貝爾的故事

蠶寶寶的秘密：
巴斯德的故事

宇宙教授：
愛因斯坦的故事

命運的彗星：
哈雷的故事

國家圖書館出版品預行編目資料

科學簡史 / Anousheh Karvar著;馮恭己譯.－－初版
二刷. － －臺北市;三民,民91
　　面;　　公分－－(人類文明小百科)
含索引
譯自:Histoire des sciences
ISBN 957-14-2626-1　　(精裝)

1.科學-簡史

309　　　　　　　　　　　　　　　　86005680

網路書店位址　http : // www. sanmin. com. tw

ⓒ　科　學　簡　史

著作人　Anousheh Karvar
譯　者　馮恭己
發行人　劉振強
著作財
產權人　三民書局股份有限公司
　　　　臺北市復興北路三八六號
發行所　三民書局股份有限公司
　　　　地址 / 臺北市復興北路三八六號
　　　　電話 / 二五〇〇六六〇〇
　　　　郵撥 / 〇〇〇九九九八——五號
印刷所　三民書局股份有限公司
門市部　復北店 / 臺北市復興北路三八六號
　　　　重南店 / 臺北市重慶南路一段六十一號
初版一刷　中華民國八十六年八月
初版二刷　中華民國九十一年五月
編　號　S 04013
定　價　新臺幣貳佰伍拾元整
行政院新聞局登記證局版臺業字第〇二〇〇號

ISBN　957-14-2626-1　　(精裝)